EIIR
1s
NEW ZEALAND
10 CENTS
MALAYA
PENANG
GIBRALTAR
1/-
STRAITS FROM BUENA VISTA
NORTH BORNEO
10 CENTS
NORTH BORNEO
10 CENTS
ER
POSTAGE REVENUE
3D
NORTH BORNEO
SABAH
CLOUDED LEOPARD
4 CENTS
SINGAPORE MALAYA
EARLY
THE DAY
POSTAGE
REVENUE
1/-
XVIII 1964
BERMUDA
3
EIIR EIIR
2¢ G 2¢
CANADA
HONGKONG
CONTRACT
NOTE
STAMP DUTY
FOUR DOLLARS
RHODESIA & NYASALAND
MALTA
1d/4
POSTAGE & REVENUE
MDLXV
MONUMENT OF THE GREAT SIEGE 1565
3d
RRS JOHN BISCOE
BRITISH
ANTARCTIC
TERRITORY
CAYMAN PARROT
1d/4
CAYMAN ISLANDS

001 筆者の切手ストックブックから「女王の肖像」切手

A Portrait of the Queen

女王の肖像

切手蒐集の秘かな愉しみ

四方田犬彦

工作舎

女王の肖像——切手蒐集の秘かな愉しみ　もくじ

本文中の[　]内の数字は
カラーページの切手と対応しています。

わたしはどんな美しい心もいらない。
ただ昔の心が欲しい。——オスカー・ワイルド

「ペニー・ブラック」を買う

世界最初の切手商

三〇歳を少し超えたばかりのときである。オックスフォードの美術館で開催されるシンポジウムに呼ばれ、生まれて初めて英語で学会発表を(しどろもどろになりながら)終えたわたしは、数日の休暇をロンドンで過ごすことになった。

ロンドンは以前にも数カ月滞在したことがあり、それなりに気に入った場所がないわけでもなかった。そこでチャリングクロスの坂を下りながら左右の書店を冷やかし、トラファルガー広場から左に曲がって、目抜き通りのストランド街をウォータールー橋の方へとブラブラと歩き出した。テームズ河を越えるころにはきっと小腹が空いていることだろう。たしか橋を渡って少し行ったところに、フィッシュ&チップスのうまい店があったはずだ。もし行列さえできていなければ、ひとつそこに寄ってみるのもいいかもしれない。心はそのようなことをぼんやりと考え、足はあてどなく歩くことに悦びを感じていた。ストランド街には、いかにも老舗といった雰囲気の店が並び、その一軒一軒のどことなく保守的な佇《たたず》まいを眺めていると、自分が東京でもパリでもなく、ロンドンの街角を歩いているのだという気持ちになるのだった。

なにやらショウウィンドウに細《こま》やかなものを展示している店があった。アクセサリーか宝石だろうかと近寄ってみると、色鮮やかな切手が一面に陳列されている。中央に置かれているのは、一九七〇年代以降、目立って華やかさを主張するようになったイギリスの切手で、そのわきに鳥や蝶、泰西名画を遇《あし》らった世界中の切手が美しく飾られている。何げなく店の看板を見上げると、さりげなく「スタンリー・ギボンズ商会」という文字が認められた。

ギボンズ！ その名前には見覚えがあった。いや、見覚えなどという呑気な言葉はこの際、不適切かもしれない。それは、およそ知られているかぎり、世界で最初の切手商の名前であり、世の切手蒐集家が一度はその扉を潜《くぐ》ることに憧れる聖地の名前であった。この商会が毎年刊行している世界切手カタログは、一世紀半にわたって、個々の切手の価値認定においてもっとも権威のあるものとされている。だがそれ以上に、ギボンズという名前には個人的な思い出があった。一一歳のときにそのぶ厚いカタログを手にしたわたしは、それを読み解くために英語を会得しようと決意した。またそれに従って世界中の切手を蒐集してみようという、雅《おさな》げにして不可能な野望を抱いたのだった。もちろんそのようなことが可能であるわけもない。だが「ギボンズ」の名前はわたしの脳裡に深く刻まれ、わたしがひとたび切手蒐集から離れ、数学や水泳に、さらに現在にまで続く濫読《らんどく》に心を向けるようになった後も、世界の見えない秩序を司る不可思議な権威として、無意識の領域に君臨してきたのだった。

気がつくといつの間にか重い扉を開けて、なかに入っていた。幅広いカウンターの前にはずらりと椅子が並んでいて、いかにも蒐集家といった顔立ちのイギリス人たちが真剣な面持ちで、切手アルバムに顔を寄せている。ルーペを片手に握りながら、一枚一枚の図柄や状態を細かく確かめている人もいれば、備え付けのカタログ（もちろん最新版の『ギボンズ』）を大きく開いて、気に入った切手の値段を確かめている人もいる。彼らは例外なく真剣な表情で、無駄話ひとつするわけでもない。まるで夕食の椀にありついた飼犬のように、姿勢をいくぶん屈《かが》めながら、一心不乱に眼前のアルバムに見入っている。カウンターの向こうにはピンセットを手にした店員が控えていて、客の註文に応じてただちにアルバムのなかの切手を取り置こうと準備している。

わたしが入っていくと、店員の一人が礼儀正しく椅子を勧め、どのようなジャンルのものをお望みですかと尋ねてきた。単にいろいろな国のきれいな切手をパケット（袋もの）で欲しいのか、それともより専門的に、エドワード七世時代の高額通常切手や、イギリス切手に英領植民地の名が加刷《かさつ》された、メルボルン・オリンピックの記念切手のひと揃いを探しているのか。おそらくそのどれを口にしたとしてもストックのなかから即座にそれを取り出してきてみせるといった自信が、店員の表情に読み取れた。即座にわたしは答えた。

「ペニー・ブラック」を探しているのです。状態のいいエンタイア（消印切手付き封筒）を見せていただきたいのです。

その瞬間、店員はわが意を得たりという顔を見せた。彼はわたしを店の奥にある小さな部屋に通し、そこで待つようにといった。わたしはといえば、自分の発作的な註文に、しばらくは胸の動悸が治まらなかった。ああ、ついに口にしてしまった。今日の朝には予想もしていなかった店に入り、考えもしていなかった買い物をするはめになってしまった。はたして手持ちのポンドで勘定は足りるだろうか。いや、ここは気を大きくもたなければいけないぞ。ペニー・ブラックを自分のものにするというのは、世界中のあらゆる切手蒐集家が望んでやまないことではなかったのか。贋物をつかまされたらどうしよう？　いや、ここはギボンズだ。世界の切手蒐集家にとって聖地であるこの店で本物が買えなかったとしたら、いったい世界のどこでそれが買えるというのだろう。

ほどなくして店員がひと抱えほどのエンタイアを、ワゴンに載せて運んできた。点数にしてほぼ一〇〇。隣の部屋におりますので、お決まりになったらノックしてください。もしあなたが本物の蒐集家であるならば、今この瞬間が人生の分岐点となるかもしれませんよと、いわんばかりの口調である。店員はそれだけをいうと、わたしを一人にしてくれた。客が満足のいくものを探し当てるまでは、いくらでも在庫をお見せしますよという積極的な態度が、そこには感じられた。

ヴィクトリア女王は長い治世の間、つねに切手に描かれてきた。1882年の5ポンド切手

「ペニー・ブラック」を選ぶ

「ペニー・ブラック」とは一八四〇年五月、イギリスが世界に先駆けて発行した郵便切手である。黒インクで印刷され、額面が1ペニーであったことから、長らくそう呼ばれてきた。そこに描かれていたのはヴィクトリア女王だった。産業革命の先端をゆき、七つの海を制覇した大英帝国を支配するこの女王は、このとき即位してわずか三年弱であった。長い髪を後ろで束ね、かつて先王ウィリアム四世のものであった王冠を被ったその姿は、最初は記念メダルに刻まれ、それを元にした絵が切手の原画として採用された。

郵便切手はひとたび発行されるや、郵便制度を簡単で安価なものとするのに大きな貢献をした。それまで郵便物は本来的に無料で配達され、それを受け取った者が配達に要する費用を負担するというのがつねであった。そのため受け取り拒否を含めさまざまな障害が後を絶たず、人は一通の郵便物を受け取るために、信じがたいまでに高い配達費を払わなければならない場合がままあった。ペニー・ブラックの出現は、そうした障害を一気に解決し、交通機関と教育制度の発展に並行して、イギリス人の日常生活をより近代的で便利なものに変えた。

イギリスが最初の切手を発行して三年後の一八四三年には、連邦国家スイスの一地方とブラジルが同じ制度を採り入れ、切手を発行し始めた。やがて世界中の多くの国家と都市がそれに

同じペニー・ブラックでもマージンの状態で評価が分かれる

倣《なら》った。だがそれらは一様に、発行地の名前を切手の内側に記すことを求められた。ただイギリスだけがそれを行なわずにすんだ。誇り高きイギリスは他国がこの体裁的な発明を踏襲することを許したが、自国の切手には国名を記すことを拒否したのである。これは一七九年後の現在においても変わりなく、イギリス切手は基本的に額面しか記さないという単純さを維持している。だがその代わりにこの国は、歴代の王と女王の肖像を切手の絵柄として用いた。ヴィクトリア女王は一九世紀がまさに終わった一九〇一年まで、六〇年以上の治世を誇ったが、その間を通してイギリスは彼女の肖像以外のいかなる画像をも、切手の絵柄として用いようとはしなかった。

一〇〇点ほどのペニー・ブラックのなかから一点を選ぶのは、至難の業だった。まず切手の状態を細かく点検しなければならない。マージン、つまり図柄を取り囲んでいる余白の部分が、四方にわたってちゃんと残されているものというのが最初の条件である。用紙が擦り切れていてもいけないし、染みや汚れはもってのほかである。次に消印が明確に押されているもの。かといって、それが描かれているヴィクトリア女王の顔を大きく潰しているようであってはいけない。女王の肖像の威厳が損なわれているような状態のものであるならば、買わない方がましというものだ。わたしの前に積み上げられたエンタイアは、それぞれに異なった状態であり、それに応じて価格が決められていた。価格は封筒などの裏側に、小さく鉛筆で記されている。

小一時間ほどをかけて一点のエンタイアを選び出したとき、わたしは一日のエネルギーの半分を使い切ったような気持ちになった。

ペニー・ブラックは本来が、横に一二枚、縦に二〇枚、合計二四〇枚で一シートを構成するように印刷されている。一枚がIペニーなら、横一段でIシリング、シートで買うとIポンドという、イギリスの伝統的な貨幣単位に沿った方式である。切手の四方の隅のうち、下の二隅には「チェックレター」といい、シートのなかでの位置を示す記号がアルファベットで刻まれている。左側の文字がシートの上から見て何段目にあるかを、右側の文字がシートの左から見て何列目にあるかを示している。もう少し具体的にいうと、シートのなかで一番上の左端の切手にはAAという文字が記され、一番下の右端の切手にはTLという文字が記されている。わたしが選んだ切手はGJであり、それは本来はシートのなかで七番目の段の、一〇番目の列にあったものが切り取られ、封筒に貼られ使用されたことを意味している。

研究書を繙《ひもと》いてみると、さらにこの二つのアルファベットの位置の微妙なズレから、より細かな情報がわかると説いている。ペニー・ブラックは一二回にわたって版を変えて印刷された。もっともチェックレターの部分だけは、シートのなかのどの一枚として同じものがない以上、一点一点、職人が工具を用い、版に刻み付けていかなければならなかった。当然のことながら、そこにはミリ単位以下のズレが生じることになる。専門家はそのズレを通して、一枚のペニー・ブラックが何番目の版になるものかを推測することができる。もち

筆者がロンドンのギボンズ商会で購入したペニー・ブラック。
チェックレターはGJ。消印はマルタ十字で赤

ろんそれが切手の価値に大きく反映することはいうまでもない。

さらに消印である。世界最初の切手が発行されたときとは、世界最初にそれに押す印判が考案されたときでもあった。これも職人たちが一つひとつ、マルタ十字の印を手彫りで造り上げ、それがイギリス中の郵便局へと運ばれていった。この印判製作が突貫工事で行なわれたため、夥《おびただ》しい違いが生じた。ある印は内枠に比べて外枠がひどく太く、別の印はその逆になっていたり、外枠が破線になっていたりした。また初期には消印のインクに赤が用いられたが、それが石鹸でたやすく洗い流せると判明したため、黒インクに変更された。すると黒地の切手に黒インクでは都合が悪いということになって、切手そのものの刷色が赤に変更された。一八四一年二月、「ペニー・レッド」の登場である。

ペニー・ブラックの高貴な時代はわずか九カ月しか続かなかった。平俗にして凡庸なペニー・レッドが、それに取って代わったのである。そのせいもあって、ペニー・ブラックに押された消印と刷り図版の版の違いとを細かく見てみると、一枚の切手の価値評価がさらに変わってくる。切手が使用された時期が相当細かく割り出されてくるばかりか、その稀少性までが測定され、珍しい状態のものには驚くべき価値が認められることになる。

もちろんここまでの詳しいことは、三〇歳をすぎたばかりのわたしには理解できるわけもなかった。わたしはできるだけ女王の顔が美しく映えているものを五点ほど選び、その上で鉛筆で記された価格を鑑みて、最終的に一点を選んだだけである。隣の部屋に合図を送ると、ただちに先ほどの店員が戻ってきた。彼はいかにも、さすがにお目が高いとでもいいたげな表情を見せながら、わたしが選んだエンタイアについて簡単な説明をした。

わたしの心にあったのはひと仕事を終えたという満足感であったが、おそらく彼も同じ気持ちでいたに違いなかった。値段は四八ポンドだった。一九八〇年代の中ごろであるから、すでにポンドの絶対的な威厳こそなくなっていたが、それでも現在と比較するならばまだまだ円との換算率は高かった時期である。当時の日本円では一万四〇〇〇円くらいだったはずである。それはわたしが一枚の切手のために費やしてきた額としてはけっして安いものではなかったが、かといって予想したほどに高い金額でもなかった。

おそらくお客様はすでにペニー・レッドはおもちだと思いますが、もう一枚、「ペンス・ブルー」はいかがでしょう。店員はエンタイアを丁寧に包装しながらいった。

先にも述べたように、ペニー・レッドはペニー・ブラックに続いて発行された同じ額面の切手ではあるが、あまりに大量に印刷され、長い期間にわたって使用されたため、現在でもいくらでも入手できる。いうなれば駄ものだ。わたし程度の蒐集家でさえ、蒐集を開始してまもない中学生の時点で、すでに黒い消印のある普通のものをもっている。ペニー・レッドにはさほどの愛着はない。

もっともペニー・ブラックよりわずか数日遅れで発行されたペンス・ブルー(額面は2ペンス)はというと、話はまた別である。重量級の郵便物のために準備されたこの切手は、絵柄こそペニー・ブラックと同じヴィクトリア女王なのだが、刷色が深い青であり、おそろしく発行枚数が少ない。しかも発行の翌年には図案が変更になり、女王の顔と額面を区切るように、上と下に太い白線が引かれてしまった。いうまでもないことだが、ペニー・ブラックと比べても、段違いに値段が高い。ペニー・ブラック一枚で精力を使い果たしてしまったわたしには、とうていその姉貴分にあたるブルーに到達する財力も気力もない。わたしは店員の申し出を断り、店を出た。ウォータールー橋のところまで歩いていくと、河からの風が気持ちよかった。そうか、思いがけぬ形で聖地巡礼を果たしたぞという気持ちに、心は幸福だった。

切手蒐集とは何か

切手蒐集家とはなんと奇怪で、子供じみた種族なのだろう。

おそらくここまでわたしのエッセイを読んできた読者のなかには、そういった感想を抱かれた方も少なくないかもしれない。確かにその通りである。彼らは一枚の切手を前にあらゆる細部を点検し、ミリ単位の誤差を発見しては、その稀少性に喜悦の表情を隠さない。念願の切手をいい状態と納得のいく値段で入手したときには上機嫌となり、所蔵品のなかに贋物があったと判明したときには落胆を隠そうとしない。だが彼らは真剣そのもので、人生にあってはまるで切手蒐集以外にいかなる価値があろうというような口吻《こうふん》をもらす。美食も、漁色も、政治的権力も、一枚の稀覯品《きこうひん》の切手の前には無意味なものに映る。蒐集家の生活は概してひどく禁欲的なものであり、その知的情熱のほとんどは、自分が関心をもって蒐集しているジャンルの郵便切手に限定されている。

とはいえ切手蒐集家たちは固く結束していて、それは容易に民族や言語や国境を超える。どこの国のどこの都市でもいい。蒐集家が大きな郵便局の隅にある郵趣コーナーなり、裏路地の一角にある切手商の店なりを訪れ、ひとこと「フィラテリスト」と口にするだけで、たちまち周囲の者たちは好意の表情をもって彼を迎えることになる。フィラテリストとはギリシャ語で愛にあたる「フィル」と無課税にあたる「ア・テレイア」の結合からなり、フランスの切手蒐集家ジョルジュ・エルパンが一八六四年に工夫して考案した造語である。無課税というのはちょっと苦しいが、この証書さえ貼っておけば受取人は配達費用を負担せずにすむという意味で、要するに古代ギリシャ語で切手に一番近い言葉を検索した結果である。約《つづ》めていえば、郵便切手をこよなく愛する輩《やから》という意味になる。ちなみに中国語では「集郵家」であり、これはただちに意味がわかる。

さてこれからわたしは、この子供じみた趣味がもつ魅力について書いてみようと思う。「子供じみた」という言葉を用いたのはほかでもない、多くの大人たちは小学生のころに、一度は切手を集めることに夢中になった体験をもっているからである。アフリカの見知らぬ国が発行した三角切手と、熱帯雨林のなかを飛び回る美しい蝶の切手を、小学校の教室にもち込んで、真剣な表情で取り換えっこをしたり、少年雑誌の片隅に掲載されている広告を頼りに、貴重なお小遣いを投じてパケットを取り寄せたりした思い出を、誰もがもっているはずだ。だが切手をめぐるこうした情熱を保ち続ける人はきわめて少ない。成長するにつれて、関心は車やファッションや音楽に移っていき、かつてはあれほどまでに熱中していたアルバムは押入れに突っ込まれたまま忘れられてしまう。

だがひとたび切手集めに夢中になった者は、心の片隅にそのときの興奮を保ち続けているものである。何かの偶然でふと目にした郵便物に貼られている異国の切手を見て、すっかり忘れていたはずの子供時代を思い出すはずだ。ボードレールに「天才とは意のままに再び見出された幼年期である」という有名な言葉があるが、アルバムに整然と整理された、チェコやスウェーデンの凹版切手を見せられたとき、人は失われた時間が眼の前に立ち現われるのを感じ、かつて自分がどこかに置き去りにしてきた昔の感情が水中花のように蘇ってくることに気付くものではないだろうか。

わたしがこれから書こうとしているのは、ノスタルジアと蒐集の情熱という、人間のもっとも根源にある感情のことである。人はなぜ喪《うしな》われたものに心奪われるのかと問うことは、人はなぜものを集めようとするのかと問うことと同義である。かつて世界が無邪気で幸福感に満ち満ちていたときがあった。だがそれは遠い昔のことになり、今では無慈悲と強いられた労働だけが、なかば廃墟と化した世界を支配している。そのとき喪失された時間を蘇らせるためには、かつて存在していた幸福の破片を一つひとつ拾い上げ、それを根気強く組み立て直していくしかない。蒐集という行為は、世界の全体性が崩れ落ち、すべての事物が繋がりを見失って散乱しているという意識をもって、初めて自覚的になされるものなのだ。

さて女王の肖像をもって国名の代わりとするという、イギリス切手のあり方は、その後どうなったのか。現在でもエリザベス女王の肖像を描いた切手として、綿々と続いている［001参照］。二〇一六年には彼女が九〇歳の誕生日を迎え、ヴィクトリア女王の治世の長さを超えたというので、英連邦に属する国々が次々とそれを祝う切手を発行することになった。なかにはイギリスと縁も所縁もない国までもが、蒐集家の懐を狙って特別の記念切手を発行するという現象まで起きている。

それではイギリス本国はといえば、それなりに記念切手と切手帳を発行したものの、それとは別に、派手派手しいことを避けるかのように、新額面1ポンド52ペンスの通常切手を三種類、そっと発行した。もちろん女王の肖像切手である。この奥ゆかしさがいかにもイギリス的なのである。

さてこれからわたしは、自分がいかに切手蒐集という〈魔道〉に入っていったかを、少しずつ語ることにしよう。

巨大な巻紙

古切手のもつアウラ

どうして切手を集めるなどという世界に迷い込んでしまったのだろうか。

フィラテリスト（切手愛好家）の端くれとしてピンセットとルーペを卓上に並べ、切手カタログを睨《にら》みながら、目打《めうち》（パーフ。切手の四方のギザギザのこと）の数を調べたり、ウォーターマーク（透かし）の確認を行なったりして、もう半世紀がすぎてしまった。蒐集は途中で何回も中断があったり、思いがけない人からの寄贈があったりして、所蔵する切手の量こそは増えたが、かといって質的に高くなったという実感もない。とても専門家が鎬《しのぎ》を削る展覧会に出品できるレヴェルではない。それでも異国の街角でふと切手屋を見つけるとついフラフラと扉を開け、「特価・仏領インドシナ二〇〇枚入り」などという、まず日本人が手を出しそうもない分野のパケットを買ってきてしまったりする。自宅に戻ってその一枚一枚をカタログと照合し、たいした価値のある切手でもないのに狂喜したり、はたまた失望したりしているのだから、病膏肓《やまいこうこう》に入《い》るとはこれを指していう言葉なのだろう。だが、そもそもこの真剣にして子供じみた道楽の始まりはどうだったのだろうか。

つらつら思い出してみるに、あれは小学校にあがって間もないころであった。高齢でもうだいぶ耳が不自由になっていた曾祖母が何かの折に、自分が大切にしているものを二つ、いきなりわたしにくれるといい出した。ひとつは玉虫の羽で、これは大切に真綿に包まれていたことからも、彼女がいかに大事にしてきたかが子供心に理解できた。もうひとつは灰緑色《かいりょくしょく》の小さな紙切れで、中央に軍艦の絵が描かれている。なんだか陰気そうな図柄だ。意味がわからないままにきょとんとした顔をしていると、これは天皇陛下の切手だから粗末に扱ってはいけないと教えられた。切手といえばはがきに貼る5円のオシドリか、封書用の10円の観音様しか見たことのなかった子供は、その紙片にどこか呪術的な力を感じたのだろう。神妙な顔をして受け取ると、筆箱のなかに仕舞い込んだ。

後になって判明したことだが、それは一九二一年に発行された「皇太子殿下御帰朝」の3銭切手だった。アールヌーヴォー風の花飾りの中央に巨大な菊の紋章があり、その下に二隻の軍艦、香取と鹿島が描かれている。もちろん小学生の子供には、そのようなことを知るよしもない。ちなみにこのときには同じ図柄で、1銭5厘（紫色）、4銭（朱色）、10銭（青色）の切手も発行されている。低額の二枚は国内でのはがきと封書用、高額の二枚は外国宛てのはがきと封書用である。わたしが曾祖母から受け取った切手は、推測するに、彼女が封書用に何枚か購入しておいたものの一枚が、たまたま用いられずどこかに仕舞い込ま

筆者の曾祖母の宝物だった
皇太子殿下御帰朝記念切手（1921）

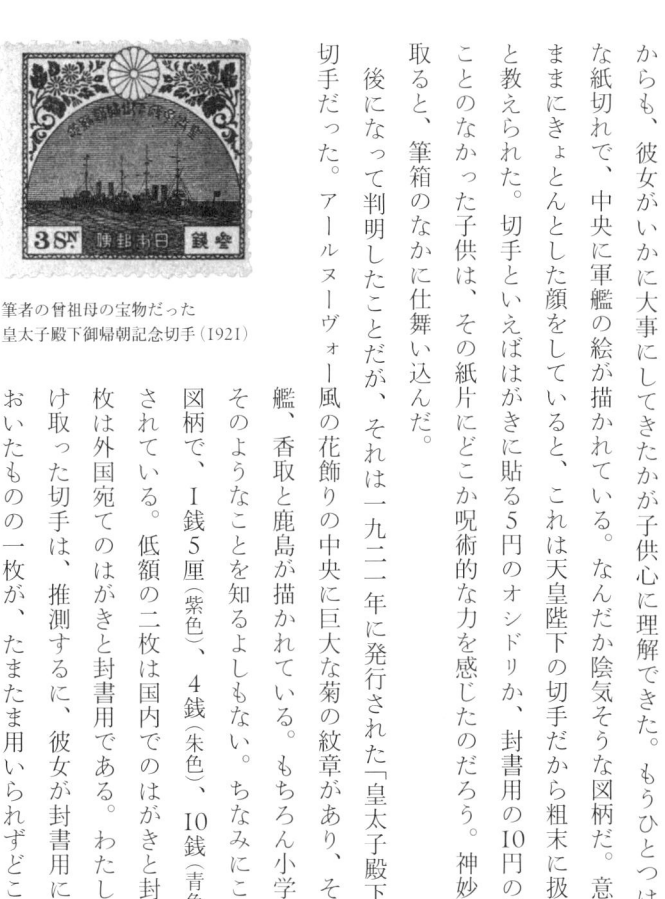

れ、そのままになっていたものだろう。切手を買い求めたとき曾祖母はまだ三〇歳代の中ごろで、それからおよそ半世紀にわたって、彼女はそれを後生大事に保存していたのである。「皇太子殿下」とは、後に昭和天皇と呼ばれることになった裕仁親王のことだ。

この切手には独特の威厳があった。そこに記されている篆書《てんしょ》の漢字が、そもそも子供に判読できなかったことが一因かもしれない。だがそれは逆にわたしの好奇心を駆り立てた。わたしはこの二隻の軍艦の映像がもつ、どこかしら意味ありげで、陰気な神秘性を湛《たた》えた切手をきっかけとして、戦争以前の日本切手が築き上げた古色蒼然《こしょくそうぜん》とした世界へと参入していったのである。それは敗戦このかた、誰もが顧みることを嫌って久しい世界であった。

わたしはこうして切手の蒐集を開始した。折しも日本はもうすぐ東京オリンピックを迎えようとしており、郵政省は寄付金付きの菱形切手を売り出しては、子供たちの切手への情熱をしきりと煽《あお》った。切手蒐集はプラモデルの製作やワッペン、シールの蒐集と並んで、男の子たちが実践すべき必修科目のひとつと化した。お菓子を買うと美しい蝶を描いたルーマニアの切手が入っていたし、文房具屋ではビニール袋に包まれて、英連邦諸国から旧フランス植民地までさまざまな切手が売られていた。少年雑誌にはスタンプ会社の広告が満載されていた。子供たちは記念切手の発売日には郵便局に並び、新しい切手を一枚か二枚買ってから学校へ駆け出して行った。教室では休み時間に、熱心な交換会が開かれていた。

三〇〇〇枚の古切手をもらう

わたしが切手に関心をもっているということが、冠婚葬祭の何かの折に大人たちの間で話題になったのだろう。あるときわたしは親戚の一人から、煎餅の空き缶に入った巨大な巻紙を与えられた[002参照]。巻紙は一〇巻にわたっていて、どの巻にも端から端までびっしりと使用済みの切手が貼りつけられている。どうやらその一家では配達されてきた郵便物を処分する際に、切手を一枚一枚剝ぎ取り、丁寧に台紙に貼りつけていったようである。もっとも専門的な蒐集家の立場で保存されたものではないことは、台紙に反故《ほご》となった金銭貸し借りの記録が用いられていることからわかる。同じ種類の切手が集められている巻紙もあれば、何の秩序もなく、ただ目の前にある切手を思いつくままに貼付していった巻紙もある。切手に紛れて、収入印紙が貼られていたりもする。いったい何のためにこんな手間のかかることをしたのかはわからないが、使用済みでも切手を蔑《ないがし》ろにしてはならないという気持ちが当時の一般家庭にはあったのだろう。一〇巻という分量は、相当長期にわたってこの作業が続けられたことを意味している。

このエッセイを書くにあたって、押入れの奥から巻紙の束を取り出してみた。全部を一度に展《ひろ》げてみると、なんと九メートル半の長さだった。縦に六枚から七枚の切手が隙間なく貼り付けられている。律儀に枚数を数えてみたところ、全部で二八五〇枚あった。歳月のせいで台紙

巨大な巻紙

が千切れていたり、切手が剝がれていたりしているところもあるから、総数は三〇〇〇枚くらいだといえる。

普通切手がおよそ三〇種類、記念切手が八種類。およそと記したのは、紙質の違いとウォーターマークの有無によって、図柄と額面、刷り色が同じでも別の切手と認定されるからだ。公募デザインを採用した日本で最初の切手である「田沢切手」の初期は白紙に刷られているが、一年後からは着色繊維を刷り込んだ「毛《け》紙《がみ》」に刷られることとなった。その後も横幅が〇・五ミリ短いものやら、ウォーターマークの違うものが出現し、数多くの亜種がある。大正デモクラシーの煽りを受けたというわけではないが、この切手は一般公募でデザインが決められると、一九一三年から三七年まで、関東大震災を越え、戦時期の昭和にまで生き延びた。普通切手としては異例なまでの長寿である。しかし台紙に貼られたままの状態では、亜種の一枚一枚ま

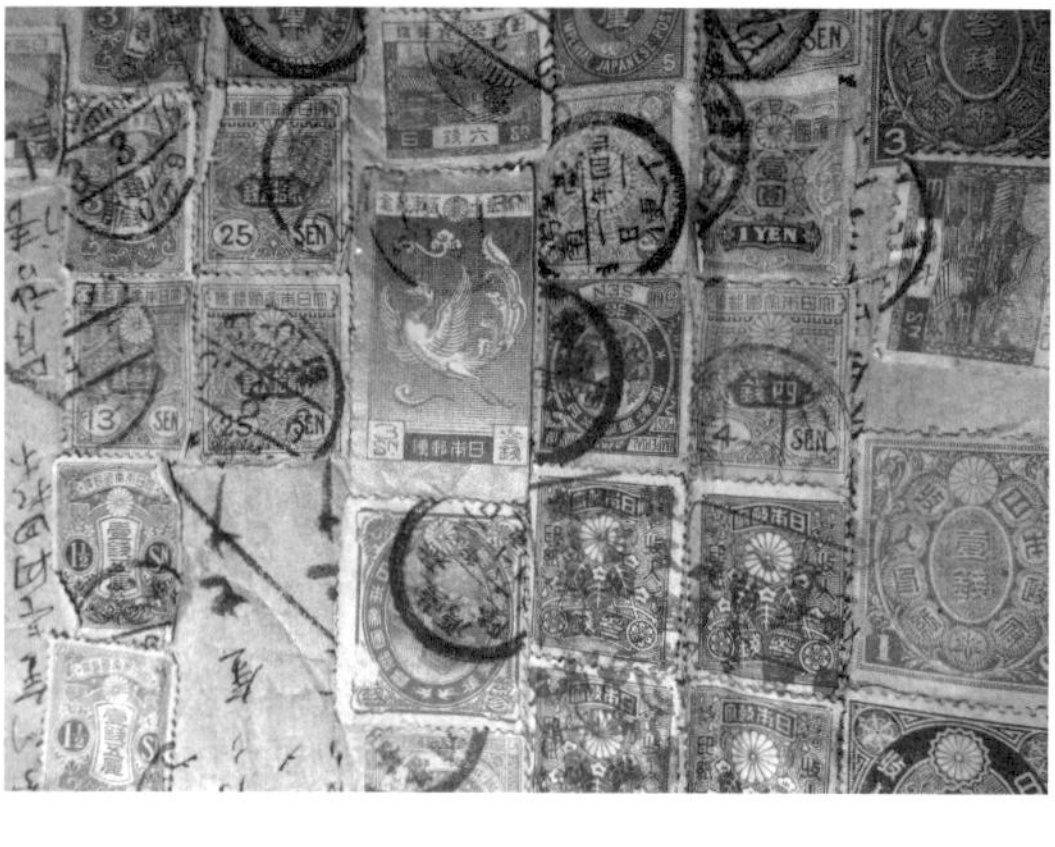

「小判切手」から「田沢切手」まで、また「大正婚儀」の記念切手まで、巻紙にはありとあらゆる切手が貼付されていた

では精密に鑑定できない。そのため、どうしても「およそ」という表現となるのである。

時期的にもっとも古いのは、日本がUPU（万国郵便連合）に加盟した後の一八八三年に発行された普通切手、いわゆる「U小判切手」である。その後、「新小判切手」、「菊切手」と続き、大正に改元された後は、「田沢切手」となる。額面としては5厘、Ｉ銭、Ｉ銭5厘、3銭あたりがもっとも多く、それより高額のものは少ない。これは明治の終わりから大正にかけての、はがきと封書の基本料金である。記念切手では「大正婚儀」、「大正大礼」、「世界大戦平和」、「第一回国勢調査」、それに先に触れた「皇太子帰朝」が続いて、「大正銀婚」までが散見できる。一九二三年に関東大震災が起きた直後、暫定的に発行された、無目打《むめうち》（インパーフ）の簡素な切手も、相当数見受けられた。以上をまとめると、この巻紙のもとになる切手は一八八〇年代前半から一九二五年あたりまで、つまり四〇年ほどの長さにわたって集められ、一気に貼付されたものと推測される。

2銭の黄緑の「菊切手」や3銭の赤の「田沢切手」が巻紙のなかで延々と続いていくさまを眺めていると、夏に旅をしていて、車窓から緑の原野を見ていたのが、突然に一面の向日葵《ひまわり》畑に変化していくようで、それなりに面白いものであった。とはいえ圧倒的な枚数である。同じ切手を三〇〇枚も四〇〇枚も続けて眺めていると、眼がおかしくなってくる。だが子供のわたしはそれに退屈しなかった。一時間も二時間も、巻紙に見入っていた。切手ごとに押されている消印が違っていることに、はたと気が付いたからである。

消印に久留米や長崎のものが多いのは、親戚か縁者の誰かがそこに住んでいたからだ。仁《イン》川《チョン》と記されたものもある。朝鮮では韓国併合の後、朝鮮切手を廃し、日本切手の使用が義務付けられたからだろう。もちろん小学生のわたしは、そうした植民地化の歴史など知るわけもなく、見慣れぬ地名に奇妙な感じを受けただけであった。

在外局切手と軍事切手

長大な巻紙を眺めているうちに、わたしは延々と続く3銭の「菊切手」のなかに、不思議な文字が書き込まれているものをときどき発見した。ひとつは下部の額面表示のわきに小さく黒字で「支那」という文字が加えられている。もうひとつは「田沢切手」の中央に、やはり黒字で「軍事」と大書されている。漢字の額面表示の上に、有無をいわせない威圧的な形で、この二文字が加刷されている。何百枚ものなかに時折こうした変種が交じっていることに、わたしはひどく興味をそそられた。これは何だろう。

わたしが抱いた疑問は、その数年後に、日本郵趣協会から出ている切手カタログを手にすることで氷解した。「支那」という二文字が加刷された切手とは、日本が中国(当時の清国と中華民国)の領土内に設置した在外郵便局を通して使用されたものであった。具体的にいえば、一八七六年に早くも開局された上海の日本局を皮切りに、中国全土に及ぶ日本局、さらに日露戦争時の「南満洲」（中国東北地方南部）や日独戦争（第一次世界大戦の日本側の呼称）時の山東省に設けられた野戦局などが、それに相当している。最初に発行されたのが一九〇〇年。これは「菊切手」に加刷したものである。その後、大正期に入って「田沢切手」にも加刷がなされたが、一九二二年

何百枚と続く3銭切手のなかに、ときおり出現する「支那」と「軍事」の文字は、何を意味しているのだろうか

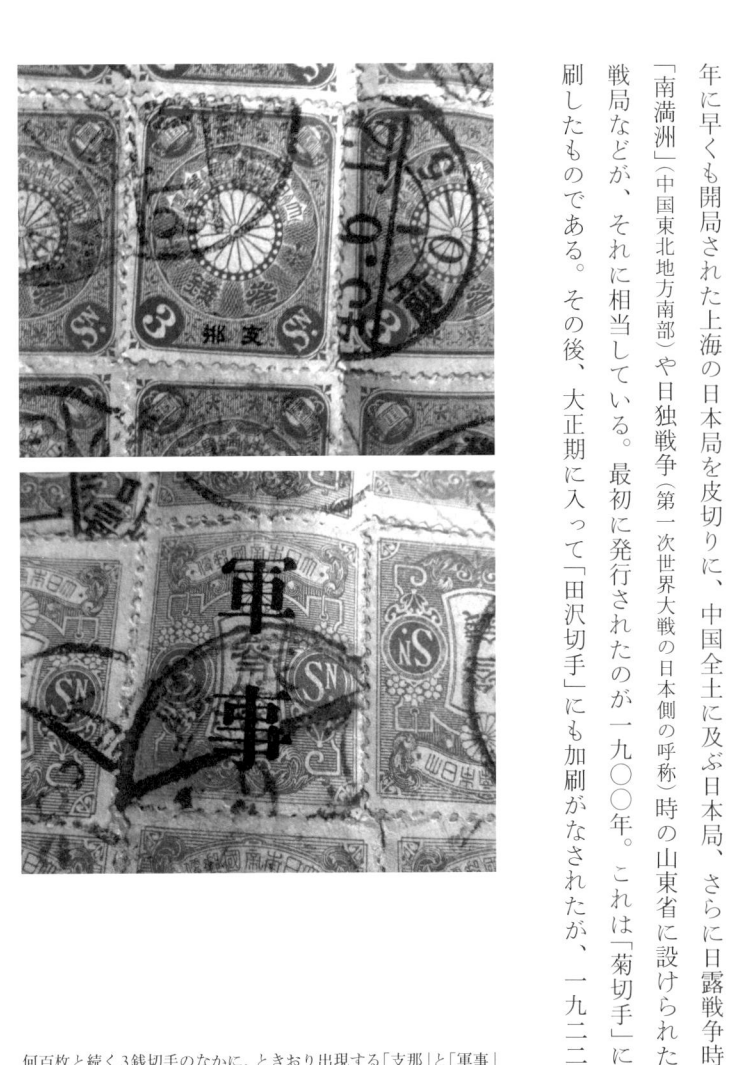

にワシントン会議によって列強の在中国局が撤退するに応じ、日本もそれに倣うことになる。「支那」加刷切手は廃止された。今からすれば独立国の主権を無視した帝国主義が生み出した産物である。もっともそれに先立って一年間だけではあるが、日本は一九〇〇年から在朝鮮日本局のため、「朝鮮」の二字を加刷した「菊切手」を発行している。加えていうならば、中国・朝鮮いずれの日本局においても、大正婚儀の記念切手に加刷したものを発行している。巻紙のなかのこうした3銭切手は、誰か縁のある者が彼の地に滞在し、「内地」へと封書をしたためたことを意味している。

さて、もう一方の加刷切手、「軍事」と大きく重ね刷りされたものには、さらに込み入った事情があった。これは現在では「軍事切手」という呼称が通用しているが、正確には「軍事郵便証票」という。

日露戦争が終わった後も、日本軍は朝鮮半島はもとより、ロシアから獲得した南満洲に平然と軍を駐屯させた。戦時中、軍事郵便物はすべて無料で取り扱われていたが、平和時にはそうはいかない。そこで軍は逓信《ていしん》当局と協議し、駐屯する兵士にひと月に二通までは書状を無料で出してよいという許可を与えた（一九二二年にはそこに、南洋の島々に派遣された兵士が追加された）。このときに考案されたのが、3銭切手への「軍事」加刷である。駐屯地の兵士たちは、それを毎月、二枚ずつ支給された。

もちろん一〇歳に満たない子供には、こうした東アジア史に関わる複雑な事情など知るすべもなかった。だが切手の中央、漢字で記された額面を大きく塗り潰すような形で加刷された「軍事」の二字は、充分に威圧的であり、何か切手のアイデンティティーを否定するような強大な力がそこに加えられていることが理解できた。そう、それはもはや一般人を対象に3銭で売り買いされる郵便切手などではなかった。侵略戦争の最先端にいる兵士たちに、無償で配布される軍事証票だったのだ。

日本の最初の軍事切手は一九一〇年に、現行の3銭の「菊切手」に加刷したものである。その三年後に「田沢切手」が登場すると、その3銭にも加刷がなされた。先ほども少し述べてみたが、この「田沢」にはさまざまな亜種が存在している。それに応じて加刷がなされたため、都合四種類の「田沢」3銭軍事切手が製作されたことになる。もっとも目打の数や加刷文字の間隔などを考慮すると、さらに多くの亜種が出現する。そのなかには目下、わずか四枚しか発見されていない稀少品もあり、カタログでは信じがたい価格が付けられている。ちなみにわたしが巻紙のなかに発見した何枚かの「菊」3銭と「田沢」3銭は、比較的市場に流通しているものであり、使用済みであるから、切手商で一万円も払えば入手できる。業界の言葉でいうならば、「駄もの」である。

ではわたしはこの「駄もの」に落胆したのかといえば、けっしてそうではない。切手の中央に押された烙印は、周囲の凡庸な3銭切手のなかで異彩を放ち、魔術的な力でわたしを牽引した。わたしは切手にも孤高というものがあることを、直感的に理解した。軍事切手は同じ図柄と刷り色をもつ何十枚、何百枚のなかで、強いプライドをもってわたしに話しかけた。それはわたしに、自分の謎を解くように求めてきた。

その当時、子供たちの間でもっとも人気があった切手とは、「見返り」であり、「月に雁《かり》」であった。またもっと身近なところでは、「ハワイ」であり、「水仙」であった。といっても半世紀前の小学生の間の隠語であるから、客観的な説明が必要であろう。「見返り」とは「切手趣味週間」のために一九四八年に最初に特別発行された細長の切手であり、菱川師宣《ひしかわもろのぶ》の「見返り美人」が原画として用いられていた。いわゆる「浮世絵切手」の走りである。「月に雁」はその翌年、「郵便週間」のため、歌川広重の同名の日本画に材を得て発行された切手である。この二枚は判型の大きさも手伝って、発行当時から人気を呼び、市場では圧倒的な高値を示していた。とうてい小学生が所蔵できるレヴェルの切手ではなかったが、何かの偶然でそれを持っている者は、わざわざ学校の教室にまで持参し、得意げに見せびらかした。

「ハワイ」と「水仙」はもう少し、手の届きやすいところにあった。前者は「ハワイ官約移住七五年」（一九六〇年）の記念切手であり、桜とパイナップルの間に虹が懸かっているという、いかにも他愛ない図柄だが、仄《ほの》かな美しさが評判を呼んでいた。日本の大蔵省印刷局がグラビア

IMPERIAL JAPANESE POST
大日本帝國郵便
五厘
日本郵便
六錢
日本帝國郵便
壹錢五厘
25 SEN
1 YEN
四錢
4 SEN
日本郵便
參錢
3 RIN

002 巨大な巻紙には3000枚の切手が貼られていた

印刷に自信をもちだしたころの試作品である。後者は一九六一年に毎月一枚ずつ発行された「花シリーズ」の一回目で、どことなく高貴な雰囲気があり、子供たちの間で（今風にいうならば）「お値打ちもの」と認定されていた。この二枚は商店街の文房具屋でも、繁華街の百貨店でも、ちょっとその気になれば簡単に手に入れることができた。

とはいうものの、わたしはこうした人気アイテムにほとんど興味がもてなかった。父方の祖母がかつて郵便局で買い求めた「月に雁」の小型シートのなかから一枚を千切り取って、わざわざわたしに与えてくれたときにも、こんな地味な切手のどこに人は騒いでいるのだろうとい

［左上］切手趣味週間・見返り美人（1948）
［右上］郵便週間・月に雁（1949）
［左下］花シリーズ・水仙（1961）
［右下］ハワイ官約移住75年（1960）

う冷淡な反応を見せ、彼女を失望させた。「ハワイ」の美しさには好ましいものを感じたが、そこに威厳を感じることはなかった。要するに小生意気な子供であったわたしは、華やかな美しさの切手や評判を呼んでいる切手になど目もくれようとしなかった。わたしを魅惑していたのは、図柄や文字の意味がどうしても解けない切手であり、その切手の背後に隠されている謎であったのだ。

究極の軍事切手

話を軍事切手に戻すと、実はこのジャンルには不吉な躓《つまづ》きの石が横たわっている。いわゆる「青島《チンタオ》軍事」と呼ばれる稀少品である。

青島軍事は3銭の「田沢切手」(毛紙)に「軍事」と加刷したもので、一九二一年に製作された。この切手が特異なのは、普通の3銭切手にではなく、あらかじめ「支那」と加刷された在外局切手に、さらに加刷を施したものであるという点にある。

日本軍は第一次世界大戦が終結した後も、旧ドイツ領である山東半島に駐留していた。当然のことながら兵士たちは月に二枚の軍事切手を支給され、それを用いて家族へ手紙をしたためていた。一九二一年四月、事情があって切手の到着が遅れた。そこで青島の在外局にあった「支那」加刷済みの切手を代用し、現地で木印を手押しすると、ただちに兵士たちに配った。従来の軍事切手と比較してみると、「軍事」の二字にゴチック体が用いられている。そればかりか、切手によって加刷の場所が微妙にズレていて、いかにもアマチュアによる手作業であるという印象が強い。ところがこの切手の稀少さには最たるものがある。記録によれば一万枚が発行されたというが、確実に本物と呼べる未使用品を探すことは難しい。使用済みにしたところで数えるほどしか存在していない。

厳密にいうならば、「青島軍事」は合法的に発行されたものではない。前線の駐屯基地で臨機応変に考案されたものであり、日本切手のカタログに正式に登録されるべきかという問題に関しては、疑義を抱いている人もいる。加えてこの切手は贋物《がんぶつ》が多いことでも、日本切手史のなかで有数の存在である。「支那」加刷のある使用済み3銭切手をあらかじめ入手し、後から木印を押し付けたものが、平然と市場に出回っている。数年前であったが、テレビの鑑定番組にも出品されたことがあった。もっとも本来はありえぬ土地の消印が押されているという理由から、あっけなく贋物と判断されたようだ。よほど信用のある切手商か蒐集家による鑑定書でもないかぎり、素人がうかつに手を出さない方が無難だろう。

わたしもかつて青島で開催された映画学会の折に、路傍の切手商からそれらしきものを見せられたことがあった。だが青島から日本兵が「内地」へと投函した手紙に貼られていた切手が、何食わぬ顔をして青島にあるということ自体がそもそも眉唾ものなのである。話のタネに贋物

青島軍事のエンタイアから
（『日本切手百科事典』日本郵趣協会より）

でも買っておくかとも考えたが、やはり遠慮することにした。ちなみに『日本切手百科事典』（水原明窓編集、日本郵趣協会、一九七四）は使用済みのエンタイアに対して、二〇〇万円の価値を付けている。

切手というものは恐ろしいものである。巨大な巻紙を捲《めく》れども捲れども、どこまで行っても同じ切手ばかりが続くなかに、「支那」の文字が重ね刷りされたものが見つかる。またしばらく捲っていくと、今度は「軍事」と大書したものが見つかる。巻紙を作成した人物にとってそれらは、何の変哲もない、ただの3銭の切手である。だが蒐集家であるわたしは、それがきわめて珍しい在外局切手であり、軍事切手であることを知っている。またこうした加刷が施されたことの背後に、二〇世紀初頭の東アジアを舞台に帝国主義的な再編成がなされつつあったという歴史的事実があることも、知らないわけではない。切手とは歴史の証人であり、人を歴史的思考へと導いていくチチェローネ（案内人）なのだ。だが、それだけでは充分ではない。切手は蒐集家に、実現することなどほとんど奇跡に近いような、蜃気楼に似た夢想を許してしまう。もしこの巻紙のなかに「支那」と「軍事」の両方が同時に加刷されている切手が出現したとしたらどうだろう。わたしは今、幻の「青島軍事」が出現する、直前のところにまで来ている。奇跡の切手まであと、もう一歩だ。

いうまでもないことだが、夢想ははかなげに挫折する。眼前にあるのは、ウクライナの向日葵畑のように尽きることのない、3銭切手の行列だ。だが切手を集めるということは、夢想を蒐集することでもある。紙幣とは冷酷な現実だが、切手はあてどなき夢である。いったい世界のどこに、かくも広大な幻を現出させる小さな紙片が存在しているというのか。

外国切手との出会い

見知らぬ国々との出会い

前章では、小学生にして日本の古切手の魅力にいかに目覚めたかという話をした。それでは外国の切手はどうだっただろうか。わたしが切手蒐集を志した一九六〇年代前半とは、日本中の子供たちが見知らぬ国の昆虫や鳥類を描いた切手に夢中になり、日本ではまだほとんど発行されていなかった三角切手を手に入れると、それを得意げに仲間うちで披露するという時代であった。フランス、アメリカ、ソ連といった「有名」な国々にいくつかの東欧社会主義国が加わる。これが外国切手の定番メニューであったような気がする。だが、わたしの場合には大きく違っていた。学校の休み時間に教室の片隅でこっそりと行なわれる切手交換会にあって、わたしはいつも困った立場に立たされていた。というのも同級生たちが差し出してくる切手がすべてカラフルな図柄の未使用切手であったのに対し、わたしの方は使用済みの、何だかわけのわからない切手ばかりだったからである。

わたしは同級生たちとはまったく違う経路を通して、外国切手の世界に触れていたのだった。そして切手を媒介として、世界には聞いたこともない国々がほとんど無限に存在しているのだという、不思議な感覚にとらわれていた。

ちなみに一二歳のときにわたしが集めていた切手の国名、地域名を、以下に書き出してみることにしよう。その年、わたしはそれまで大小さまざまなストックブックに挟み込んでいた沢山の切手を、初めて接着用の小片《ヒンジ》やコーナーを用いて台紙に貼りつけ、二〇巻ほどのアルバムに整理したのである。

アジュマン、アルゼンチン、バハマ、バルバドス、バーレーン、ブルネイ、ブルガリア、パナマ運河地帯、中華民国（台湾）、ドバイ、エクアドル、フィジー、ホンジュラス、ゴア、インドネシア、イラク、イスラエル、クウェート、韓国、ヨルダン、サラワク、サバ、サウジアラビア、シャールジャ、シンガポール、レバノン、ニカラグア、パキスタン、マルタ、フィリピン、香港。

このリストを見た読者のなかには、そんな国など聞いたことがないという人も少なからず存在しているはずである。もっとも正確にいうと、ここに挙げた名前のなかには、一九六〇年代前半にはまだ独立国家ではなく、西洋の植民地であった場所も存在している。だが、それはさほど重要なことではない。問題は小学六年生の子供が、どうしてそのように珍しい場所の切手を次から次へと入手することができたかということである。簡単に説明すると、それらはすべて父親からもたらされたものであった。

いたるところにエリザベス女王

わたしの父親は大学時代に共産主義思想に共感を抱いたものの、自動車会社に就職してからは典型的な資本主義者となり、日本車を海外に売り出すことに一生懸命なタイプの人間であった。彼は輸出課長として休みなく東南アジアの都市をめぐり、とりわけバンコクと北京には長く滞在した。韓国と日本が国交を回復すると、ただちに真冬のソウルに飛び、現地の自動車産業の先行きを調査した。わたしの家にはタイ人のバイヤーが到来し、家族全員で彼らと食事をすることも珍しくはなかった。

　東京は本郷にある会社には、世界のいたるところから問い合わせと契約の書状が舞い込んだ。現在とは違い、ファクスもインターネットもない時代のことである。住所がわからないままに、封筒にアルファベット

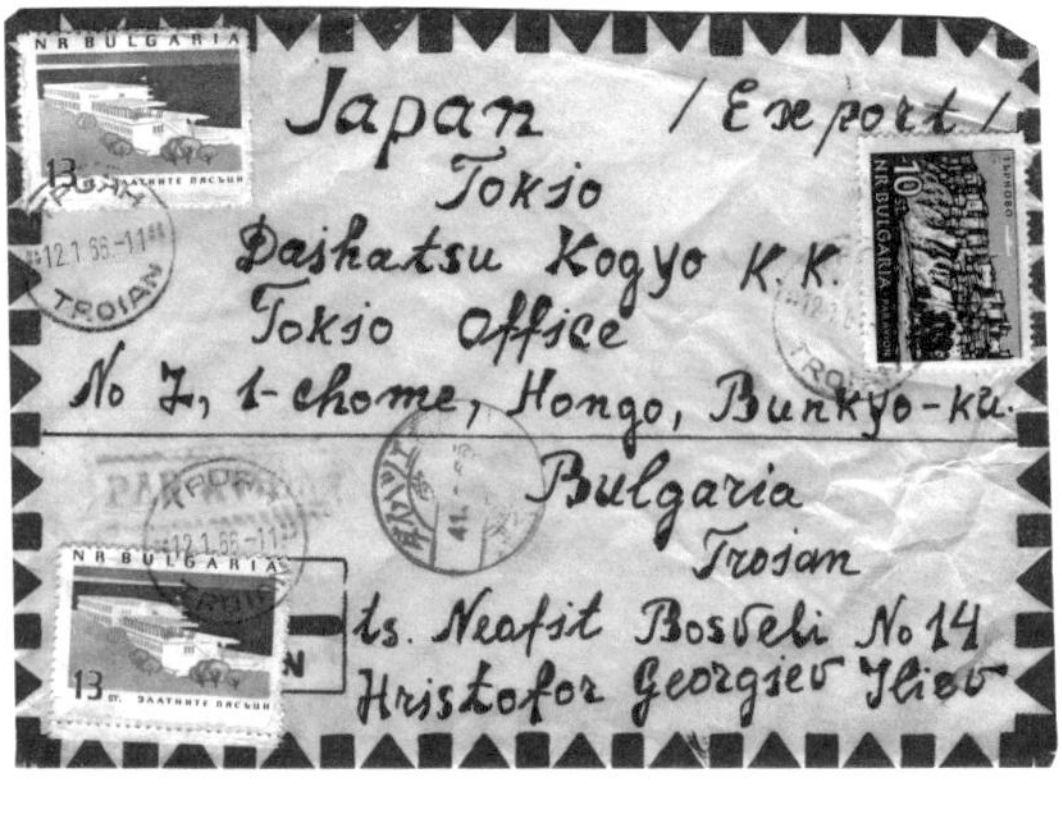

この封筒と切手は1966年にブルガリアから到来した

［上］ニカラグアから到来した手紙
［下］英領バハマの1ポンド切手（1954）

でTokyoと会社名を記しただけの手紙がいきなり来たこともあった。手紙の封筒には例外なく切手が貼られていた。それも国内用の一般的な低額切手ではない。海外への航空便のため、高額切手が何枚も連なって貼付《ちょうふ》されていた。わたしの父親は切手になどまったく無関心な人間であった。彼はオフィスに到来した封筒から書類だけを抜き取ると、封筒はいつも屑箱に棄《す》てていた。

父親はわたしが切手を集め出したと聞いても、そうした趣味が理解できなかったようである。今から思い出してみると、およそ趣味には縁のない人間であった。とはいうものの、それ以後は空の封筒が一定量溜まると、それを束ねて家に持ち帰ることにした。封筒の束を受け取ったわたしは、ただちにそれをぬるま湯につけた。しばらくすると封筒が柔らかくなる。切手はスルリと剝がれる。わたしは濡れている切手を古新聞の上に乗せ、水分を吸い取らせる。翌朝、小学校へ行くときには、切手はもうパリパリに乾いている。その日の午後には切手に書かれた国名を調べ、順序正しくストックブックに収納する。こうした作業を二年も三年も続けるうちに、いつしかわたしの蒐集は、見知らぬ国々の切手で溢れかえることになったのである。

英領バハマの切手は唐草模様があしらわれて、額面ごとに異なった風景が凹版《おうはん》で描かれていた。6ペンスは汽船と飛行機。8ペンスはパラダイスビーチで海水浴をする人々。10ペンスは椰子《やし》の樹が並ぶホテル。1シリングはヨットレース。2シリングは埠頭の魚市場。5シリングはマグロ漁をする人々。10シリングは巨大な製塩所。そして最高額の1ポンドは立法院の建物であり、下に小さく「SINCE 1729」と記されている。他の低額切手が黒や青、茶色、オレンジ色で枠取りがなされているのに対し、この1ポンド切手だけはその色が紫であり、子供心にもどことなく貴重な切手だという感じがした。だが、わたしに強い印象を与えたのは、すべての切手の左側には王冠を被ったエリザベス女王の肖像が刻まれていたことである。

わたしは地図帳を取り出し、バハマがどこにあるかを調べてみた。それはキューバのすぐ近く、大西洋に浮かんでいる島々だった。おそらく切手に描かれているように、人々はモダンなホテルに滞在してビーチ遊びをし、ヨットレースに夢中になっているのだろう。ときには現地の魚市場を冷やかしたりもするのだろう。島を支えているのはマグロ漁と製塩業だ。そしてすべてを統括しているのが二世紀半の歴史をもつ立法院であり、それは女王陛下の守護のもとにある。この一連の切手が世界に向けて発信しているメッセージとはそのようなものである。自分もまたいつか、こうした西インド諸島のリゾート地を訪れ、気楽な思いに耽《ふけ》ることがあるだろうかと、わたしは夢想してみた。だがここに描かれているのが典型的な植民地の光景であり、それがもっぱらイギリス人の観光客向けに設《しつら》えられたユートピア的な映像であるという事実を認識できたわけではなかった。エリザベス女王の肖像はこうした映像すべての統括点にあり、植民地主義そのものの具象化であった。

エリザベス女王の肖像は、わたしの蒐集のいたるところにあった。シンガポールでも、マルタでも、フィジーでも、サラワクでも、そして香港でも、現地の風景や産業、現地人の風俗を描いた切手の一角には、かならず聡明そうな彼女の顔が刻み込まれていた。ちなみに世界中に偏在してきたこの「女王の肖像」については、本書巻頭の図版頁［00I参照］に若干のコレクションを掲げておいたので、ご覧いただきたいと思う。

この発見から大分後になってからであるが、わたしは生命誌家の岡田節人《ときんど》と話をすることがあった。節人さんはわたしの母方の遠縁にあたり、昆虫学研究を始めるにあたって、わたしの母を最初の助手に登用した人物である。彼は戦後になってエジンバラ大学に留学したとき、英国船に乗ってロンドンまで長い船旅をした。「何が驚いたって、香港、シンガポール、マドラス、スエズ運河と、船が寄港するたびにそこにかならずユニオンジャックが掲げられていることだったね」と、彼は語った。一九五〇年代の初め、それらはすべて大英帝国の領土であったのだ。イギリスが世界の表舞台から没落して久しい現在からすれば、隔世の感がないわけではない。だが切手蒐集を始めたばかりの少年がいたるところで遭遇することになる女王の肖像は、節人さんの回想とともに、海洋帝国イギリスのありし日の威光を、その消滅の直前において示しているように思われた。

ペルシャ湾岸の小さな国々

わたしは切手を通して未知の外国の地名を少なからず学んだ。もっともそのなかでどうにも歯が立たない場所がいくつか存在していた。アジュマン、ドバイ、シャールジャ、ラアス・アル＝ハイマ、アブ・ダビ、ウム・アル・クワイン、フジャイラといった場所である。このうちドバイだけは現在、稀有な経済発展を遂げ、国際線のハブ空港としても繁盛しているから、ご存じの人も多いことだろう。だが他の地名はといえば、やはり知る人は少ないのではないだろうか。

これらはペルシャ湾南岸に点々と並んでいる土侯国《どこうこく》であり、現在では公式的に「アラブ首長国連邦」の名で知られている。といっても領土の大半は砂漠であって、人間が居住しているのは沿岸のわずかな地域にすぎない。歴史的には航海中の船を襲う海賊行為で悪名が高く、それは現在でもけっして根絶されたわけではない。一九世紀には例に違《たが》わずイギリスが保護国を買って出て、土侯たちと条約を結んだものの、石油が産出できるのはアブ・ダビだけ。残りの地域は棗《なつめ》椰子の実と干し魚くらいしか産品に恵まれず、世界情勢のなかでもどちらかといえば置き去りにされているような一帯であった。

ところが誰が入れ知恵をしたのか、この土侯国たちが一九六〇年代に入って一斉に派手派手しい切手を発行し出したのである。先陣を切ったのがドバイ。その当時は日本で「デュバイ」と発音していたが、この小国は当時、連邦のなかでもっとも人口が多く（といっても五万人程度）、国際空港が創設されて意気揚々であった。郵便局は一九〇九年に開設されてはいたが、独自の切手を発行するまでにはいかず、イギリス植民地であったインドの切手がそのまま使用される時期が長く続いていた。インドが独立してしまうとさすがにそれもできなくなり、イギリスが肩代わりをした。何といっても保護国なのだから、面倒を見なければならない。といってもイギリス本国の通常切手に現地通貨である「NP」とか「R」という文字を加刷する程度の、手抜き切手であった。

ドバイの通常切手とシークの胸像切手（1963）

一九六三年にいたって状況が変わった。ドバイはヤドカリ、イカ、カニ、ウニといった現地の海洋生物を描く一六種類の通常切手を発行し出した。どの切手にも左隅にシーク（首長）であるラシッド・ビン・サイード・アル・マクトゥムの肖像が描かれている。また最高額の10ルピー切手は、丸ごとこのシークの胸像である。その後の勢いがスゴかった。翌年に入ると、ケネディ大統領追悼、ニューヨーク世界博と東京オリンピックに因んで、六枚組や一〇枚組、さらに無目打切手と記念シートまでを一挙に発行した。アメリカの宇宙飛行士を讃えた七枚セットもある。もちろんドバイは博覧会にもオリンピックにも参加していない。欧米のどこかに発注し、世界中の切手蒐集家を当て込んで製造された、売らんかな商品の切手である。人口五万人の小国がこんなに沢山の切手、それも航空便専用の高額切手のシリーズまで出してどうするのだといった心配は無用である。東京オリンピックの切手では、レスリングや体操をする選手の映像の右に、シークの威厳ある顔が描かれている。

ドバイに倣《なら》って、他の土侯国も一斉に記念切手を発行し始めた。アジュマンも、シャールジャも、フジャイラも、題目は等しくケネディ追悼と東京オリンピック、それに新しくチャーチル追悼である。もしそれぞれに違いがあるとすれば、多くの切手の片隅に登場することもあるシークの顔が、国ごとに異なっているだけである。

こうした土侯国たちの切手に特徴的なのは、使用済みのものがほとんど存在しないことである。無理もない。郵便局があるのかどうかもわからない小国で、いったい誰が手紙を出し合うというのだろう。第一、そんな必要があるだろうか。切手の大部分は製造されるや、直接に世界の切手市場に回され、次々と消費されていくだけなのだ。ドバイの市民たちがそれを目にすることは、めったになかったのではないかと、わたしは推測している。

こうした傾向に従来の誇り高き蒐集家たちが難色を示したことは、想像に難くない。だが曲がりなりにもイギリスの保護国が公式的に発行した郵便切手である以上、切手カタログとしてイギリスの『ギボンズ』も、アメリカの『スコット』も、それを掲載しないわけにはいかない。この二種類の世界切手カタログは少年時代を通じてわたしの聖書とも呼ぶべき書物であった。ギボンズについては本書の第一章で、世界最初の切手商として紹介したが、ここが毎年発行している切手カタログは、全世界の切手の公的な価値を定めるにあたってもっとも権威ある書物なのである。

ドバイの切手はもちろん日本にも大量に流れ込んできた。東京オリンピックのためにシリーズの切手を発行したことからもわかるように、ドバイが日本の切手蒐集家を標的のひとつにしていることは明白であった。とりわけケネディ大統領追悼や宇宙飛行士などの切手は、販売価格が安いこともあって、子供たちが気軽に買うことのできる外国切手と化した。それではわたしの場合はどうだったのだろうか。

これを書くと自慢話のようになってしまうのだが、実はわたしの父親のオフィスには、ドバ

子供のころの筆者が入手したドバイ切手のエンタイア

イから頻繁に手紙が来ていた。いうまでもない、日本車を購入したいという文面である。その結果、わたしのもとには何十枚も同じ額面の切手が集まった。それは巷《ちまた》で話題を呼んでいる東京オリンピックや宇宙飛行士の切手などではなく、はるかに地味な、平版《へいはん》オフセット印刷の切手で、二人の人物が並んでいるだけの絵柄である。左側が当時のドバイを統治していたシークであることは、他の切手を通してすでに知っていた。右側の人物は切手の額面によってそれぞれ異なっていた。どうやら近隣の国々の首長や大統領たちのようだ。

　ところでこの切手のことを書くにあたって、念のために『スコット』一九六六年版と二〇一八年版とを書棚の奥から引き出して、切手のクレジットを確かめてみた。奇妙なことに、この切手については画像も説明もなく、一行の言及も発見できなかった。東京オリンピックや宇宙飛行士を記念した切手については細かく彩色や図版の説明までがなされているというのに、これはひどく奇妙なことである。そもそもこの切手が発行されたという記録が、この世界切手カタログにはないのである。

ひょっとして世界にはドバイという国は二つあるのではないだろうか。思わずそうした空想をしてしまいたくなる。ひとつの国ではちゃんと郵便局が存在し、人々はちゃんと切手を購入し、外国に郵便を出したりしている。他の国の人々と変わらない、日常生活を過ごしている。第二の国には郵便局など存在せず、ただ次々と発行されている記念切手だけが世界中を駆けめぐっている。それは切手商と切手蒐集家の間でしか存在しない国、現実に手紙を書いたり読んだりする国民など一人もいない空虚な国なのだ。この国の役人たちは自国のことに興味がない。彼らはオリンピックや世界博覧会、宇宙探検といった、大国の事件にしか関心をもっていない。そして世界切手カタログは、もっぱらこの第二の国のことにしか関心をもっていない……。

まさかそんなことがあるだろうか。『スコット』が現実に発行されている切手の存在を無視することなど、あるはずがないだろう。そう思い直してみるが、疑惑は解けない。それではわたしの眼前に展《ひろ》げられたアルバムにある何枚もの切手のことを、どう考えていいのか、わからなくなってしまうからである。

わたしのこの疑問がようやく解決したのは、その後に『ギボンズ』二〇一八年版に当たったときである。そこにはちゃんと問題の切手のことが掲載されていた。やはりカタログは複数を揃えておかなければいけないと、改めて思い知らされた。『スコット』だけを絶対的な書物として、金科玉条視してはならないのだ。とりわけ歴史的事情からイギリスの保護国であった国の場合には。

『ギボンズ』と『スコット』

日本郵趣協会の会員となったのは一九六五年四月、中学校に進学した直後のことである。『郵趣』という月刊誌が読みたくて仕方がなく、定期購読を申し込むと自動的に会員になれた。切手を集めるのはもっぱら子供の遊びだという社会通念があったから、大人たちが真剣になって切手蒐集をしていると知ったときには驚くと同時に、何だか自分が急に大人になったような気持ちになった。

朧《おぼろ》げな記憶で書くことになるのだが、最初に協会のショールームに足を向けたとき、それは京王線の初台にあったはずである。わたしは中学校が終わると、駒場東大前の駅から井の頭線に乗り、明大前で京王線に乗り換えて行ったことを憶えている。小さな売り場ひとつしかないところで、夕暮れどきであったか、ひどく静かな印象がある。手に入れた『郵趣』の最新号は、帰りの電車のなかで読み耽った。

だが次の記憶は新宿東口である。日本郵趣協会は角筈《つのはず》町のビルの三階か四階に移り、ショールームは比較にならないほどに大きくなった。ビルの下の階はミニカーのレーシング遊技場になっていて、わたしと同じ年頃の少年たちは吸い込まれるようにそちらへ向かった。わたしだけがエレベーターに乗ったまま、上の階へ進んだ。

ショールームには前月、あるいは前々月に世界中で発行された切手が、壁という壁に展示されていた。会員はそれを眺めながら、気に入った切手の番号を用紙に記入し、職員に註文すればいいのである。中学一年生が母親から月々にもらうお小遣いはきわめて少額であり、わたしは多くの切手に魅惑されながらも、それを諦めざるをえなかった。わたしがあまりにも長い間、壁の展示を見つめ、何も買わないで帰るのに気づいて、あるとき職員の一人が話しかけてきた。

「切手を集めるには何かテーマがないと、あちこちに目移りするばかりでいけないよ。宇宙切手とか、動物切手とか、特定の枠を決めておかないと、いくらお金があっても足りないよ」

わたしは答えた。

「世界中の切手をすべて集めるにはどうしたらいいのですか」

職員は苦笑していた。だが一二歳のわたしには、蒐集のテーマをひとつに絞るということは思いもつかないことだった。父親が家に持ち帰ってくる封筒を通して、全世界のさまざまな切手に接していた子供にとって、切手とは常に未知なる国々へわたしを拉致してしまう驚きであって、単に好きな絵柄の印刷されたシールであるとはとうてい思えなかったからである。

夏休み前の期末テストが終わったとき、わたしはある決意をした。『ギボンズ』の最新版だけは思い切って買うことにしよう。とにかく『ギボンズ』がないと何も始めることができないと、思いつめたのである。

当時の『ギボンズ』はまだ一冊本で、頁数にしてほぼ二〇〇〇頁、厚さは六センチ、あるいは八センチだったかもしれない。わたしの記憶では二〇〇〇円ほど払ったと思うが、確かではない。ともあれこの一冊さえあれば世界中の切手のことがわかると思うと、うれしくて仕方がなかった。後にわたしは『福翁《ふくおう》自伝』を読んでいて、藩に大枚をはたいてもらい英蘭対訳発音付きの辞書を入手した福沢諭吉が、最初は苦労してもこれでいくらでも英語の書物を読むことができると思い、勉学に励んだという一節を発見した。わたしにはその福沢の気持ちがよくわかる。ただ福沢とわたしの違いは、わたしにはまったく英語ができなかったことである。重い一冊を抱えて帰宅したわたしは、さあ、これからこの本を読み解くために、英語を一生懸命勉強しなければならないと、自分に言い聞かせた。

『ギボンズ』の構成は、いかにも郵便切手を発明した国の書物にふさわしいものだった。巻頭を飾るのは当然のことながら、グレート・ブリテン＝北アイルランド連合王国の切手である。次にアフガニスタンからザンジバルまで、およそその年までに世界中で発行されたすべての切手が国別に分類され、発行年順に番号をふって整理されている。それぞれの切手にはまず縮小されたモノクロの図版が掲げられている。シリーズものはもっとも低額のものが一枚、代表として登場している。次に額面、印刷方法、刷色、二センチあたりの目打ちの数、ウォーターマーク、発行目的と続き、最後に未使用と使用済みの両方について、国際的な評価価格が添えられている。一九六五年版ではまだイギリス独自のシステムで、ポンド、シリング、ペンスの三段階の単位で記されていた。

わたしはまず、通常の英和辞典には登場していない専門用語を学ぶことから、この本との格闘を開始した。

切手カタログを換える

もっとも一年も経たないうちに、わたしはこの『ギボンズ』をボロボロにしてしまった。やがて一九六六年が近づいてくる。ふたたび大枚をはたいて新しい版を買おうかどうかと思い悩んでいたところで、わたしは『スコット』の存在を知ることになった。こちらはアメリカのスコット社のカタログで、二巻本である。

『スコット』の値段はたしか五千円くらいだった。かくも高額の書物を一三歳のわたしが購入することができたのにはわけがあった。その前年に祖父が逝去し、わたしの母親が遺産を相続したことが幸いしていたのである。孫のわたしは調子よくそのお裾分けに預かった。わたしの母親は、書物を買いたいという息子の要求をあっさりと受け容れ、かなり纏まった額の金をわたしに与えてくれた。何と聡明な親だったのだろう！　今にしてみればそのときに購入した世界文学全集や思想全集が、わたしに広大な知的世界を約束してくれたのだといえる。わたしは日本郵趣協会を訪れ、ただちに『スコット』を購入した。

『スコット』は『ギボンズ』とは何もかも違っていた。第一巻はまずアメリカ合衆国から始まる。次がイギリス。これは一応、切手考案国に敬意を表してのことだろう。だがそれから先は南北アメリカ大陸の国々となる。もっとも一九六二年以降のキューバは入っていない。当時はアメリカと外交関係がなく、革命政府が国家として承認されていなかったからである。第二巻ではその他の国々の切手が扱われている。もちろんここでも中国と北朝鮮、北ヴェトナムは含まれていない。『スコット』の配列と選択排除のシステムは、いきなり中学生のわたしを地政学の領域に巻き込んでしまったのだ。ヴェトナム戦争が激化し、ジョンソンがハノイに空爆を開始して間もないころのことである。

後にオハイオに移ってしまったが、『スコット』は当時、ニューヨークはマンハッタン八番街のスコット社から発行されていた。それは『ギボンズ』と比べてはるかに読みやすく、合理的な分類法を採用しているように思えた。一枚一枚の切手の刷色変更や変種、加刷について、懇切丁寧な記述がなされていた。わたしにとって『ギボンズ』は、眼前の切手を分類し、そのアイデンティティーを見定めるために不可欠な書物だった。だが『スコット』は違った。『スコット』を通してわたしは初めて切手カタログを読むという快楽を知ったのである。

一八六四年にイギリスで発行されたローズレッドの１ペニー通常切手には、画面の両脇の渦巻き模様のなかに、微小ではあるがプレート番号が隠されている。225に及ぶその番号のうち、多くのものはさほどの価値もない凡物である。未使用で一ドルもしない。使用済みならせいぜい五セントといったところだろう。ところがなぜか77番の切手だけがひどく稀少であり、未使用で八五〇〇ドル、使用済みでも五五〇〇ドルという高値が付けられている。『スコット』の頁を丹念に捲っていくと、こうした驚きにいくらでも直面することになる。情報量において、『スコット』は『ギボンズ』の敵ではなかった。

わたしはこれまでの人生で離婚というものを体験したことがない。ただ朧げに想像するのだが、それはひょっとして自分の依拠する切手カタログを変更することに似ているのではないだろうか。こんなことを書くと離婚経験者の方に何をふざけたことをと叱られるかもしれないが、何かにつけ自分の判断の基準であり、認識の心棒であったものを思いきって切り替えるという意味で、『ギボンズ』を放棄し、『スコット』を採用するという行為は、それなりに決断を迫ることであった。カタログを換えるということは、これまで踏襲してきた切手の整理システムをひとたびゼロに戻し、根底から変えるという意味である。アルバムとストックブックのなかの切手の配列を、もう一度組み替え直すことだ。だがひとたび思い切って実行してしまうと、わたしはあっという間に『スコット』に馴染んでいった。イギリスとアメリカの国民性や文化の違いだといってしまえば身も蓋もないが、『スコット』の説明は率直であり、ドライだった。『スコット』に親しんで『ギボンズ』に戻ってみると、イギリスの貨幣システムの煩雑さが目につき、ときにあまりに形式的でそっけない説明に、満足のいかないものを感じるようになった。それ以来、わたしは『スコット』を愛用している。

今、この原稿を書くにあたって、一九六六年の『スコット』を書庫の奥から引き出してみた。わずか二巻である。当時はそれだけでも大変な分量だと思っていたが、二一世紀もだいぶ過ぎてしまった現在からすると、隔絶の感がする。世界中で発行される切手は、どんどん増えていくばかりだ。わたしが記憶しているかぎり、一九九〇年代初頭に『スコット』はすでに五巻を越していた。二〇一九年の時点では一巻がABに分かれ、全六巻で五〇〇ドルほどの値段がつけられている。それだけ大部の書物を、ただでさえパンク状態のわが家の書庫に収納することはとてもできない。ましてこれはカタログであるから、もし切手の正確な評価額を知りたいのであれば、毎年買い替えなければいけない。気が遠くなるような話だ。

そういえば昔、ニューヨークに留学していたころ、チャイナタウンのそばの空地で蚤の市が開かれていて、一九四三年の『スコット』を発見したことがあった。値段を尋ねてみると、一ドルでいいという。ああ、この頃はまだ一巻本だったのだと感慨に耽りながら、住んでいたアパートメントに持ち帰った記憶がある。あの本はどうしたのだろうか。帰国前のガレージセールでも引き取り手がなく(当たり前だ)、捨ててしまったのではなかっただろうか。今もし手元にあれば、さぞかし面白く読むことができただろうに。

だがその後わたしは、使われなくなって久しい古カタログのおかげで、思いがけない幸運に恵まれたことがあった。本書の後の方で、それについてはゆっくりと語ることにしよう。

発行日に駆け付ける

郵便局の前の行列

あらゆる切手には発行の初日というものがある。簡単に「発行日」と呼んでおこう。

人から古切手をもらったり、封筒に貼りつけられた切手を水で湿らして剝がしたりしていたわたしは、日本の新しい切手を買おうとしたとき、この厳然たる事実を教えられた。一九六二年、九歳のときである。

おりしも時は東京オリンピックを控え、募金付き切手が次々と発行されていた時期だった。日本中の小学生は初めて見る菱形切手に、ただちに夢中になった。お菓子の箱を開けてみれば、外国切手がおまけに入っていた。少年漫画雑誌は切手商の広告でいっぱいとなった。子供たちは（おそらくは禁じられていたはずなのだが）こっそり小学校に切手アルバムを持ち込むと、給食の後の休み時間に、見よう見まねで交換市を開いた。それは彼らが人生で最初に体験した、真剣な取引交渉だった。

花切手、年中行事切手、鳥切手、お祭り切手……それまで何かの記念日にしか切手を発行してこなかった郵政省は、このときから方針を変えた。絵柄のきれいさを第一義とし、切手愛好家を増やすことを目的として、切手を発行するようになったのだ。切手は郵便を出すときに一枚一枚買いに行く証紙であることをやめ、ため込み、集められるものへと変化した。子供たちがオリンピックの菱形切手に夢中になったように、大人たちは水仙や牡丹の絵柄の切手に親しみを感じ、それをただちに使用せず、そっと抽匣《ひきだし》のなかに仕舞い込むようになった。国民総切手ブームが、こうして開始されたのである。

四月には切手趣味週間、一〇月には国際文通週間と国民体育大会。こうした年中行事はもちろんのこと、記念切手発行の理由はいくらでもあった。日本は高度成長のただなかにあり、国家を挙げてインフラ構築に邁進していた時代である。北陸トンネル、若戸大橋、名神高速道路、首都高速道路、東海道新幹線……何かが新しく開通すると、そのたびごとに切手が発行された。一回の記念切手の発行枚数は、一九六〇年には八〇〇万枚が普通だったが、五年後の六五年には二五〇〇万枚にまでなった。

発行日に駆け付ける

記念切手は発行されるや、ただちに売り切れてしまうのだった。幼いわたしは一〇円玉を握りしめ、近所の文房具屋に走った。郵便局から文房具屋に廻ってくるわずかな配給分から、たった一枚の切手を買い受けることで満足していた。だが切手ブームの煽りを受け、文房具屋での入手が困難となると、今度は少し歩いたところにある煙草屋に向かった。煙草屋も時間の問題だった。そこで朝早く起きて、開局直後の郵便局に飛び込むことになった。午前八時の直前に世田谷区と目黒区の境界にある上目黒郵便局に向かうと、もう五、六人の大人が入り口の前に座り込んで列を作っている。といっても近所の人とはどことなく雰囲気が違っている。汚れたズボンのお尻に手拭いを突っ込んでいたり、親指と人差し指の間に煙草を挟みながら、集まって相談ごとをしている。明らかに投機目的で切手を大量に購入しようとしている人たちだった。わたしは彼らの後ろに立ち、順番を待つ。わたしの後ろにもやはり五、六人の行列ができたころ、郵便局が開く。窓口はひとつで、先の大人たちはそれぞれ大量に二〇枚シートを買っていく。わたしが買うのはたった一枚だけである。すでに何日も前から「みほん」と字の入った見本切手は見てはいたが、やはり本物の切手を手にしたときの感動は大きい。だが、ゆっくりと切手を眺めている時間はない。八時半には小学校が始まるのだ。わたしは急いで郵便局を飛び出し、目黒区の側にある坂を駆け上って、目黒区立五本木《ごほんぎ》小学校の朝礼に間に合わなければならない。もっともこれはきわめてタイトなスケジュールである。そこであるときからわたしは郵便局を変えた。より小学校に近い郵便局で行列をすることにしたのである。

こうしてわたしの日本現行切手の蒐集が開始された。

初日カバーの歴史

「初日カバー」というものがある。英語ではFirst Day Cover、略してＦＤＣという。これは切手がまさに発行された当日に、しかるべき郵便局に赴き、切手を貼った封筒にその日の消印を押してもらったもののことだ。この習慣は一九世紀末のアメリカで始まった。もちろん一般人は切手代がもったいないから、わざわざそんなことはしない。初日カバーに夢中になるのは蒐集家、それも一部の蒐集家だけである。

初日カバーはほとんどが、あらかじめ切手の発行目的に因んだカシェ(cachet)、つまり印章代わりの絵柄が印刷された封筒を用いて制作される。しかるべき郵便局では、発行日にだけ特別な消印が用いられることが多い。ヨーロッパのものを見ると、デザイナーが腕を振るい、いかにもお遊び精神に満ちたという感じの消印が押されている。これにはいつも感心してしまう。初日カバーは、いかなる切手も発行日をもっているという、ふだんは忘れてしまっている事実を想起させるばかりではない。何百万枚刷られたかは知らず、その切手が世界で最初に消印を体験した、言い換えれば、使用されたということを示す、証拠の一枚でもあるのだ。本章では切手蒐集家にとって重要なアイテムである、この初日カバーについて書いておこうと思う。

日本で最初に郵便切手が製造されたのは一八七一年。江戸の伝統をくむ職人が手彫りで丹念に作りあげた版による、四種類の「龍切手」がその嚆矢《こうし》であった。この報せはただちに欧米の蒐集家に報告された。彼らは横浜や神戸に在住している西洋人の伝手《つて》を辿ったり、さまざまな手段を講じたりして、日本の切手を入手しようと試みた。やがて日本でも切手商が登場し、全国から使用済みの切手を袋ごと、紙屑同様の価格で買い入れては、西洋人に高く売りつけるということを始める。西洋人もそれはよくしたもので、騙されているフリをしながら、桜切手和紙カナ入りの20銭はお値打ちもの、とりわけ「イ」とカナの入ったものは超珍品だといった知識を経験的に体得すると、苦労して日本の文字を読み解き、切手カタログを制作しようとする。もっとも一九世紀のうちは、外国人相手の切手商こそ出現したものの、日本人で切手蒐集を手掛ける者はまだ出現していない。日本切手など、物好きな西洋人が蒐集するものと相場が決まっていた。それ以降の展開を、天野安治の『日本郵趣史』(日本郵趣協会、二〇一二)を参照しながら、簡単に説明してみよう。

切手の発行日に特別な郵便印が用いられるようになったのは、一八九四年からである。明治天皇の銀婚式を記念して、菊の紋章に鶴をあしらった日本最初の記念切手が発行されたとき、逓信省《ていしんしょう》はすでに特印を準備し、記念押印を行なっている。とはいうものの、日本で切手蒐集が本格的にブームとなるのは、それより一〇年ほど遅れ、日露戦争の時期である。とはいえ当時はまだ既発行の日本切手の種類は少なく、どちらかといえば絵はがき蒐集の方が大衆的人気を呼んでいたようである。これは宮武外骨《みやたけがいこつ》や柳田國男といった著名人の大コレクションが、今日でも保存されていることからも、想像できなくはない。逓信省は年に数回、記念絵はがきを発行したばかりか、それに対応して特別な日付印まで準備していた。蒐集家が入手することを望んだのは単に切手だけではなく、その切手を特別の絵はがきに貼り、特印を押してもらったものを保存することであった。もっともそのためには絵はがきに宛名を記し、実際に郵便物として投函しなければならない。蒐集家も最初のうちは律儀にこの投函を行なっていたが、一九一〇年の日英博覧会を記念する絵はがきが発売されたときからは、記念押印が公式に認められるようになった。純粋に趣味の対象としての初日カバー蒐集にとって、まず必要とされる基礎作業が、こうして準備されることになった。

先に初日カバーの習慣は一九世紀末にアメリカで開始されたと記したが、それが世界的な人気を博すようになったのは第一次世界大戦のころである。飛行機が考案され、航空技術の発展によって定期航空便が開設されるようになった。そのために欧米の国々は次々と特別の切手、いわゆる航空切手を発行するようになった。こうなると切手蒐集家も黙ってはいない。何とか初飛行のカバーを入手しようとし、さまざまな工夫をする。定期航空便が開始されたその日に、発行されたばかりの航空切手を貼付した郵便物が、現実の飛行機で運ばれてゆく。何とかそれを自分のコレクションに加えておきたい。科学とテクノロジーの進歩を素朴に信頼できた、いかにも二〇世紀前半にふさわしい情熱といえなくはない。この情熱が初日カバーの世界的流行の契機となった。では、日本ではどうだったのだろうか。

切手蒐集がそうであったように、初日カバーの蒐集も日本在住の西洋人によって始められた。記録によれば、あまたある「田沢切手」のなかでも旧大正毛紙13銭が一九二五年九月一五日に発行されたとき、一部の郵便局がこれを封筒に貼付して初日カバーを作成し、窓口で販売したとある。おそらくそれには、13銭という珍しい額面が与《あずか》っていたのだろう。もっとも現在の初日カバーに見られるように、カシェ、つまり切手に因んだイラストが封筒に描かれていたわけではない。カシェ入りのカバーを始めたのは横浜在住のアメリカ人で、彼は一九三〇年代に肉筆でカシェを描き、カバーを販売していた。これが一般化したのは、一九三八年に日本郵便切手会が発足し、カシェを印刷したカバーを会員のために廉価で販売するようになってからのことである。すでに絵はがき三点セットによって、下地はできていた。会員制の初日カバーがたちまち人気を博したことは想像に難くない。初日カバーは「誕生日切手」と呼ばれ、わざわざそのためにBirthday Stampという和製英語までが考案されたのであった。

見よう見まねでカバーを作る

さて、話を切手少年であったわたしに戻すと、小学六年生のわたしは健気にも、このカシェ入りの初日カバーを自分で作ってみようと思い立ったのである。

最初の作品は巳年の年賀切手の発売に合わせ、封筒に沖縄の青ハブの絵を色鉛筆で丹念に描いたものであり、いつもの上目黒郵便局で消印を押してもらった。もっとも郵便局員は初日カバーというものを知らなかったらしく、「一度ハンコを押したら、坊ちゃん、切手はもう使えなくなるのよ。いいの?」という、フィラテリストには耐えられない侮辱的(!)言辞《げんじ》を口にした。

小学生の筆者が自作した世界切手展記念の初日カバー（1965）

発行日に駆け付ける

何たる無知であろう。彼女は加えて、封筒には一〇円が必要で、五円の年賀切手だけでは足りないよともいった。わたしは彼女を前に、初日カバーというものがいかに新切手にとって重要なものであるかを説明しなければならなかった。彼女は一応納得したが、肝腎の消印はといえば通常の消印にすぎなかった。小さな郵便局には特別な消印などあるわけがなかったのである。

落胆したわたしは作戦を変えた。かくなる上は、東京駅丸の内側にある東京中央郵便局に行くしかないと決めたのである。そこで翌一九六五年三月になると、バスを乗り継いで東京駅まで行き、「逓信総合博物館竣工記念世界切手展」の切手の発行に合わせ、みごとに手作りカバーを作成することに成功した。

中学生の筆者が自作した海の記念日制定記念の初日カバー(1965)

春休みであったので、小学生でもこのような大旅行が可能だったのである。わたしは日本最初の郵便切手である「龍切手」四枚の模造品を封筒に貼り付け、図案代わりとした。

　ところでわたしはこの模造品をどこで入手したのだろうか。それが思い出せない。おそらくは少年漫画雑誌の片隅に小さく掲載されていた、切手商の広告を見て、取り寄せたのだと思う。「龍切手」と「桜切手」、さらに「鳥切手」までを含め、三〇枚くらいの模造品であったと記憶している。人を騙して商売にするという偽物ではなく、どこまでも蒐集家の勉強のためのレプリカである。外国には図案の内側に、その国で最初の切手の図案を組み入れた、シャレた作りの切手が存在している。わたしはそこからヒントを得て、「龍切手」のカシェを手作りで作成したのだった。我ながら恐るべき情熱と感嘆せざるをえない。

もっともこの初日カバーには不満が残った。わざわざ東京中央郵便局まで行ったというのに、特印を押してもらえなかったのである。よおし、次の目標は絶対に特印だ。一二歳のわたしは心に誓った。


もう一点、次に掲げるのは、それから数カ月後の初日カバーである。一九六五年七月、中学校に進学して初めての夏休みの直前に、やはり手作りしたものであった。

わたしは入学祝いに叔父からもらった万年筆を駆使して、トロール漁業のようすをカシェとして描いている。健気な手つきである。「海の記念日」が制定されて二五年を迎えたことに因んで切手が発行されるのだから、そうした絵柄を選んだのだろう。このときはたしか中学の最初の中間考査が終わった直後で、大手を振って東京中央郵便局まで行くことができた。郵便局の方でもちゃんと特別の記念印を準備していて、わたしは手に入れたばかりの切手に、自分の手で消印を押すことができた。もっとも大方の蒐集家は、当日に大量に製作された既製品を後になって切手商から購入するのだろう。手描きの初日カバーを持参する子供というのは、さすがに例がなかったようである。そのうちわたしは発行日の郵便局通いをやめてしまい、初日カバー作成の情熱を失ってしまった。

発行日が語ること

とはいえ長い歳月を経たとき、発行日の消印や初日カバーが思いがけない物語を語ってくれたりすることがある。いささか自慢話になることを承知で、わたしが所蔵する二点について書いておきたい。

ひとつは一九四七年五月三日、日本国憲法が施行されたことを記念して発行された切手の小型シートである。これは50銭と1円の記念切手を収め、新憲法の前文の抜粋を日本語と英語で並記したシートで、額面だけでは1円50銭であるが、3円で売られたものである。厳密にいうと初日カバーではなく、小型シートに発行日の印が押されたものである。

50銭切手は若い母親が幼児を抱いている絵柄で、後方に国会議事堂が小さく描かれている。1円切手は薔薇と鈴蘭の花束である。母親の着物も花束も、今からは考えられないほどに質素であり、この切手が敗戦後、二年を待たずして発行されたことを窺わせる。いずれも臙脂色《えんじいろ》と青色の単色なので、てっきり凸版印刷だと思い込んでいたが、よく見ると素朴なグラビアだった。興味深いのはどちらの切手にも、戦前の大日本帝国の切手の伝統であり、天皇家を示す菊の紋章が描かれていることだ。これは新憲法施行時においても、発行元である逓信省が、天皇を頂点とする日本の官僚組織であったことを、はからずも露呈している。もっともこの記念切手の三カ月後、民間貿易再開を記念する切手が発行されたとき、そこにはもはや菊の紋章はない。GHQにいた切手蒐集家のアメリカ人が進言したのだろうか、そのあたりは想像するしかないが、現在の憲法と天皇制の関係を考えるときに参考にすべき挿話であるように、わたしには思われる。

もう一〇年ほど前のことであるが、わたしはこの「日本国憲法施行記念」の消印付き小型シートを、さる音楽研究家から譲り受けた。それは彼の母親の所有になるものであった。少し気になったので訊ねてみると、彼女はけっして特別の蒐集家というわけではなく、たまたまこの切手シートが発売された日にそれを買い求め、記念の特別印を押してもらったようである。当時、彼女は50銭切手に描かれている母親よりもいくぶん若く、結婚前の身であった。わたしは想像する。小型シートとは、現実に郵便に使用することを前提として、一般人が買い求めるものではない。蒐集家でもない若い女性がわざわざそれを購入し、

日本国憲法施行記念小型シート（1947）

発行日に駆け付ける

特別印まで押してもらったという事実は、彼女の新憲法に対する期待の大きさを示しているのではないだろうか。

二番目のものは上皇明仁がまだ皇太子であったときの、「御成婚記念」の初日カバーである。記念切手は四枚組で、5円と20円には檜扇《ひおうぎ》が、10円と30円には皇太子夫妻の肖像が描かれている。このときは郵政省も熱を入れたようで、少し遅れて無目打の小型シートまでが発行されている。

10円と30円の切手では、日本の肖像切手を数多く手がけた名匠、木村勝が原画を担当している。だがそもそも皇族、それも皇位継承者の顔をバストショットで描いた切手が発行されるというのは、日本郵政史始まって以来の大事件であった。というのも日本では明治天皇以来、お上の命令で「御真影」の絶対化が行なわれ、それもあって、やむごとなきお方の映像の上に消印が押されるとは何ごとぞといった共通了解が、戦後に至っても踏襲されてきたからである。こうした申し合わせは、イギリスやオランダ、スウェーデンからヴェトナム、イランまで、王

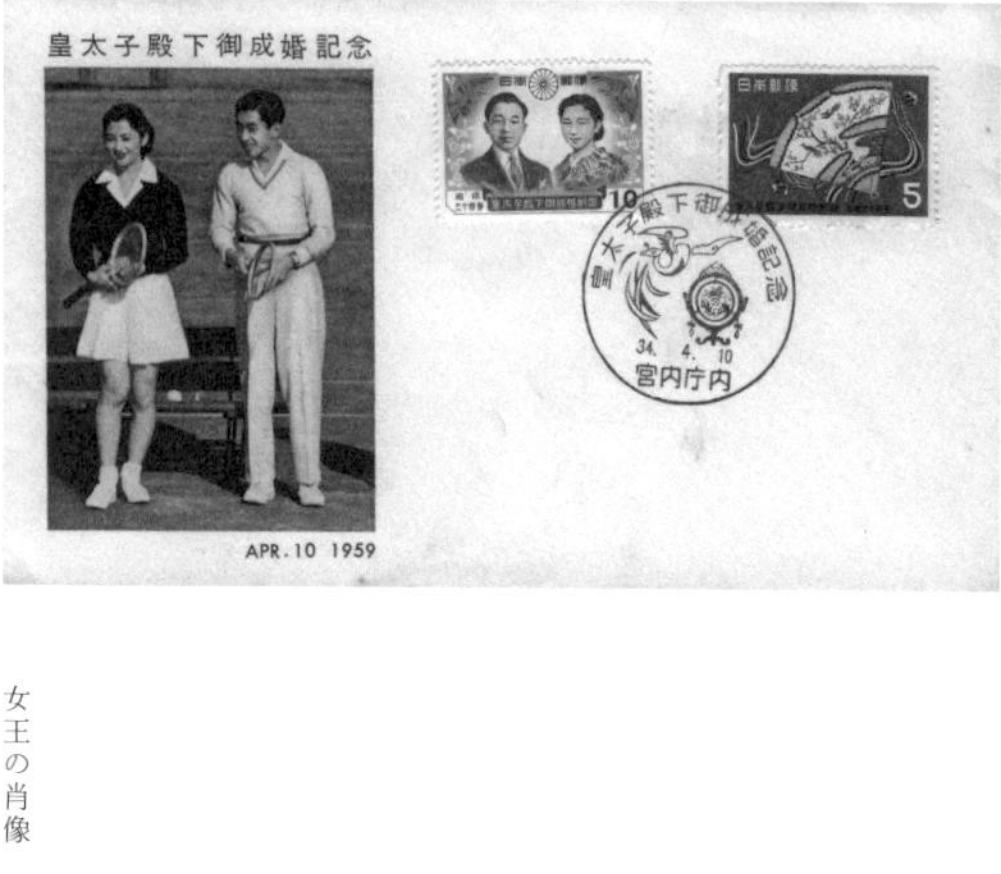

皇太子殿下御成婚記念初日カバー(1959)

と女王の肖像が特権的に普通切手のデザインとして採用されてきたことを考えてみると、滑稽なまでに対照的である。とはいえ、西洋に倣え倣えで強引に近代化を推し進めてきた日本人においてをや、かかる前近代的な、というより未開社会的な魔術的思考をこと映像に関して抱いていたと思うと、その不均衡に苦笑せざるをえない。

初日カバーに話を戻すと、カバーの左側にはまだ結婚前の夫妻がなかよくラケットを持ちながら、テニスウェアで並んでいる写真が用いられている。記念印に「34・4・10」とあるのは、一九五九年四月一〇日、まさに「御成婚」の日付であるが、何と「宮内庁内」と記されている。これには少し説明が必要かもしれない。実は皇居の中には、皇居警備にあたる警察官のための、小さな郵便局が存在している。残念ながら一般人は入ることができない。ではどうして初日カバーが成立するのかというと、「郵頼」、つまり郵便で押印を依頼し、返送してもらうというサービスが、ちゃんと切手蒐集家のために設けられているのである。

ついでに申し添えておくと、「御成婚」当時、わたしはまだ小学校の一年生であり、そんな大それたことなど思いつくはずもない。このカバーは後に、切手商から入手したものである。とはいえこの原稿を執筆するために久しぶりに取り出して眺めてみると、いい時代だったなあというノスタルジアが自分の心のなかに湧き上がってくることを認めないわけにはいかない。この初日カバーから六〇年近い歳月が経過してしまったのだが、ここでテニスウェア姿でにこやかな表情を見せている人物が後に天皇として戦没者の慰霊に心血を注ぎ、高齢に至って退位の意志を表明しようとは、いったい誰が予想できただろう。

最後に付け加えておくと、初日カバーは何も記念切手に限られているわけではない。わたしのコレクションには、自分が生まれた一九五三年の八月二五日から発売開始された、秋田犬の2円切手のカバーがある。公式的には「第二次動植物国宝切手」と呼ばれ、蒐集家の間では「ゼロなし」と呼ばれている普通切手シリーズにあって、前島密の1円切手を別とすれば、もっとも低額な切手である。ちなみに「ゼロなし」とは、額面から銭を示す「00」が消え、円だけの表記となったという意味である。

不思議なことに、わたしの所蔵するこの切手のカバーには渋谷の郵便局印が押されている。秋田犬だから秋田局？　と、つい思いたくなるが、実は理由がある。渋谷こそは忠犬ハチ公の町だからだ。当時は郵便局も味なことをしたものである。もっ

渋谷郵便局印が押された
秋田犬の初日カバー（1953）

とも2円だけではちょっと寂しすぎるという配慮が働いていたのか、田型に四枚の切手が貼られている。犬も四匹並んでいると、まるで同じ親から生まれた四つ子のようで、なかなか愉しい。ちなみにこの2円切手は恐ろしく長い間、使用されていた。他の額面の切手がどんどん新しいデザインに切り替えられても、2円という額の中途半端さから、一〇年たっても、二〇年たっても、一度も図案に変更がなかった。いや、はっきりいって、どこかにそんな切手があったっけなあという扱いを受けていたのである。

ところがこの一度も主役を張ることのなかった薄幸の切手が、一九八九年にいきなりニューヴァージョンとなった。デザインも刷色もまったく同じなのだが、「日本郵便」という文字の下に小さくNIPPONとアルファベットが添えられたのである。三六年目にして初めてのモデルチェンジであった。同時期に発行されたヒオウギガイの41円やオオイトカケガイの62円が額縁つきとはいえ、平板なグラビアであるのに対し、秋田犬2円はいかにも古武士然として単色の威厳を崩さず、まるで戦後直後の清貧に甘んじていた日本人を象徴しているかのように、それ以来健闘している。

デビューは早い方がいい。芝居も展覧会も、初日に行くにかぎる。これが石川淳の主義だった。わたしはこの江戸っ子気質の小説家の作品が好きで、大学生のころに大判箱入りの全集を相当無理をして購入し、片っ端から読みだし、いっこうに飽きることがなかった。切手は発行日に郵便局に駆け付けて買う。わたしのこのセッカチな習慣もまた、同じ精神の運動のなせる業であるといえるだろうか。

もっとも残念なことに、今日では郵便切手はいくら発行されても、郵便局に大量に売れ残っているようだ。切手蒐集のブームが凋落を遂げて久しい。人々はメイルの交換に忙しく、手紙に郵便切手を貼って投函することが、きわめて稀になってしまった。ちょっとした小包を出そうと郵便局に向かうと、切手ではなく、額面を印字したシールを郵便物に貼られてしまう。郵便局が郵便切手を蔑《ないがし》ろにしてどうしようというのだろう。

とはいうものの、初日カバーの蒐集家は現在でも確固として存在しており、その情熱にはいささかも欠損がない。いかなる切手も、それが発行されたものであるかぎり、固有の日付を所有しているという事実を前に、彼らはつねに厳粛なる儀礼を繰り返しているのである。

文革切手は赤一色

造反有理の一〇年間

それはビートルズが日本武道館で公演し、ヴェトナム戦争反対の市民運動が注目されるようになった、一九六六年の夏のことだった。一三歳のわたしは少年剣士たろうとして中学の剣道部に入り、夏休みともなると部員たちと長野県小諸の道場で合宿し、日夜「剣の道」(?)に邁進していた。昼の休み時間、誰かがふと点《つ》けたラジオから、不思議なニュースが流れてきた。北京《ペキン》に「紅衛兵《こうえいへい》」と名乗る中学生、高校生たちが出現し、『毛沢東語録《もうたくとう》』なる小さな書物を手に手に、教師や共産党幹部を批判する集会を開いている。さらに「北京」という名前は旧思想、旧文化を代表しているため、これを「東方紅《とうほうこう》」と改称しようとしているという。この少年少女たちが人民公会堂で大集会を開いたときには毛沢東みずからが登場し、満場の拍手で迎えられたらしい。わたしたち、東京の中学生はたちまち興奮した。河出書房新社から刊行されたばかりの『毛沢東語録』の翻訳本をただちに買い求め、剣道の稽古の合間に読みふけった。これが文化大革命を知った、最初の瞬間だった。

文化大革命、正式には「無産階級《プロレタリア》文化大革命」が生じてから、半世紀以上の歳月が過ぎた。二〇一六年の夏、訪れた北京では、この中国未曾有の大事件について言及することは半ば禁忌となっているらしいと教えられた。無理もない。同じ町に住む者たちが互いに罵りあい、裏切りあい、暴行と破壊をほしいままにしたのだから、その傷が癒えるには何世代もの時間が必要なのだろう。結論からいえば、これは中国全土を舞台に一〇年間にわたって荒れ狂った巨大な人災であり、徹底的な自己破壊であった。人数には諸説があるが、一〇〇〇万人以上の人間が殺害され、なかには見せしめのため食人行為の犠牲となった者も存在した。もっとも当時の中国は（現在でもそうだが）徹底して情報を統制しており、こうした悲惨な事実が日本を含む外国に知られることはたえてなかった。この文革について、簡単に経過を説明しておきたい。

そもそもの発端は、中国共産党の内側での権力争いである。「大躍進」政策で大量の餓死者を出した毛沢東は、劉少奇《りゅうしょうき》に国家主席の椅子を奪われ、悶々とした日々を過ごしていた。彼は権力を奪回するため、国内において組織的に無秩序を演出し、それを機に敵勢力を一掃しようと考えた。そして一九六六年六月一日、「すべての牛鬼蛇神を横掃（駆逐）せよ」という指令が出された。このとき毛沢東が思い立ったのが、まだ現実の政治闘争の裏側を知らぬ少年少女を前面に立たせ、彼らの純真なる革命的精神を利用して、社会を機能停止に至らしめることだった。「紅衛兵」と呼ばれる少年少女たちは、毛沢東を絶対的に崇拝し、毛沢東の名前のもとにさまざまな破壊工作を行なった。「造反有理」（反逆は正しい）というのがスローガンである。旧思想、旧文化、旧風俗、旧習慣は「四旧《しきゅう》」と呼ばれ、ことごとく批判された。紅衛兵は知識人、党幹部、旧社会でブルジョワ的な過去をもつ者を反革命分子として糾弾し、家宅捜査と自己批判の強要を行なった。長い歴史をもつ寺院も、レストランも、学校も、すべてが破壊された。

この年少者たちの暴走が統括できなくなったとき、毛沢東は突然、彼らに「下放《かほう》」を命じた。北京を離れ、農村や辺境地帯に赴いて、現地の農民に学べという指令である。一方で彼はみごとに権力の座に返り咲き、当時の夫人である江青《こうせい》を中心とする四人の上海人（「四人組」）が直接に革命の指揮を執った。毛沢東はある時期まで林彪《りんぴょう》を同志として信頼していたが、あるときに彼を切り捨てた。林彪は孤立し、ソ連へと亡命を企てようとして、不審な死を遂げた。

文化大革命の間、中国はほとんど鎖国同然となり、産業は停滞し、教育と社会秩序は破壊された。人々は恐怖と飢えのなかで疲弊していった。一九七六年、毛沢東が亡くなり、四人組が逮捕されたとき、ようやく革命の終焉《しゅうえん》が見えてきた。翌年、資本主義の導入を提唱する鄧小平《とうしょうへい》が完全に名誉を回復し、実権を握ったとき、文革はようやく終結した。その後の中国の道徳的混乱については、ここで書くまでもないだろう。

文革期の中国が興味深いのは、そこで大量に郵便切手が発行されたことである。もちろんプロパガンダを狙ってのことであるが、世界史的にいうならば、これはきわめて異例である。一般的にいって、国家を震撼《しんかん》させる規模での大破壊がなされる場合、通信事業がまず困難となる。ポル・ポト政権下のカンボジアでも、今日、世界的な脅威と化したＩＳ（イスラム国）でも、郵便切手は発行された試しがない。ただ文革中国だけが、毛沢東一色、赤一色の記念切手を、恐ろしい枚数発行し続けた。本章ではこの奇怪な現象について書いておきたいと思う。だがその前に触れておかなければならないことがある。この時期に「集郵家」、つまり切手蒐集家に与えられることになった残酷な受難のことである。

切手蒐集家の受難

中国に共産党政権が成立して以来、切手蒐集は国家的に推奨されてきた。郵電部郵票発行局は一九五〇年代にはもっぱら凹版印刷を用い、格調高い記念切手を発行してきたし、六〇年代に入ると今度はグラビア印刷に切り替え、唐三彩《とうさんさい》から京劇俳優・梅蘭芳《メイランファン》まで、さまざまに魅力的なシリーズを発行。これにはわざわざ無目打《むめうち》ものや高額小型シートまでを付けるという、サービス満点の姿勢を見せていた。加えて蒐集家に便利なように、すべての記念切手には左下の余白に整理番号（編号）がつけられていた。ところが文革が始まると、事態は一変し

梅蘭芳の舞台芸術切手小型シート（1962）

た。切手蒐集は過去を賛美するブルジョワ的な行為として、「四旧」のうちに数え上げられ、断固糾弾されるべき行為と見なされるようになった。

まず切手商の店が閉鎖された。少数の特権人に「服務《サービス》」することは、革命の精神に反するからである。長い歴史をもつ雑誌『集郵』が休刊となり、外国切手を手にしたり交換したりすることが禁止された。切手蒐集は封建主義と資本主義の行為である以上に、海外との諜報活動に関与していると見なされた。文革以前に発行された切手はすべて審査され、多くのものが焼かれたり廃棄されたりした。

蒐集家の受けた個人的受難は深刻であった。紅衛兵たちが家宅捜査して旧時代の切手が発見されると、切手アルバムごと火にくべられた。所有者は貴重な珍品が燃えていくのを目の当たりにしながら、自己批判を強要され、それが終わると紅衛兵たちに感謝の言葉を述べなければならなかった。切手に関連して外国人と文通していた証拠が発見されると、さらに重い懲罰が待っていた。文壇の長老であった夏衍《かえん》は、清代から共産党による戦時下の解放区、新中国と、三つの体制に跨《またが》るコレクションに文化的な自負を抱いていたが、自分の文学的創作を否定されたばかりか、このコレクションそのものが「罪行」だと糾弾された。彼は絶望的な思いでそれを処分しなければならなかった。中華全国集郵聯が編纂した『中国集郵史』（北京出版社、二〇〇一）を繙《ひもと》くと、こうしたさまざまに悲痛な挿話が、山ほど掲載されている。

いたるところ、赤一色

それでは一九六六年から七六年までの期間、具体的にいってどのような郵便切手が発行されていただろうか。

毛沢東を切手にすることは、以前から行なわれていた。抗日戦を勝ち抜いて成立した解放

毛沢東は新中国成立以前から、特権的に切手に描かれてきた
[左上] 東北郵電管理総局発行の普通切手（1946）
[右上] 中華人民共和国開国記念（1950）
[左下] 中国共産党30周年記念（1951）
[右下] 遵義会議30周年記念（1965）

区では、すでに一九四六年の時点で、素朴な印刷技術のもとに肖像画が切手にされている。一九五〇年に発行された「開国記念」の四枚セットでは、天安門の上に中国国旗が棚引き、その傍に人民帽を被った毛沢東が描かれている。泥臭い平版印刷の、かなり大きな切手だ。だが毛沢東の姿は、一九五一年の「中国共産党三〇周年」の三枚セットを最後に、ぷっつりと消えてしまう。一九五〇年代から六〇年代前半までの中国切手の常連とは、マルクス、エンゲルス、レーニン、スターリン、孫文、魯迅《ろじん》といった面々である。そこに毛沢東は不在である。思うにこの時期、彼は党内でのヘゲモニー争いに終始していたが、みずからの神格化を公的映像として提示するまでに至らなかったのであろう。

一九六五年一月になって、状況が突如として変わる。一九三五年になされた「遵義《じゅんぎ》会議三〇周年」を祝って発行された三枚組切手には、決戦の前夜に一人、自室で物思いにふける若き日の毛沢東と、一九六五年当時の彼の肖像が描かれている。なんと後者は背景が金色だ。続いて九月には「抗日戦争勝利二〇周年」の四枚組のうち、一枚だけ大きな切手があり、そこには著述にふけっている青年時代の毛沢東が描かれている。

一九六六年に入ると、毛沢東こそ登場しないが、切手の画面に赤（中国では「紅」）が用いられることが目立って多くなる。いよいよ文革が

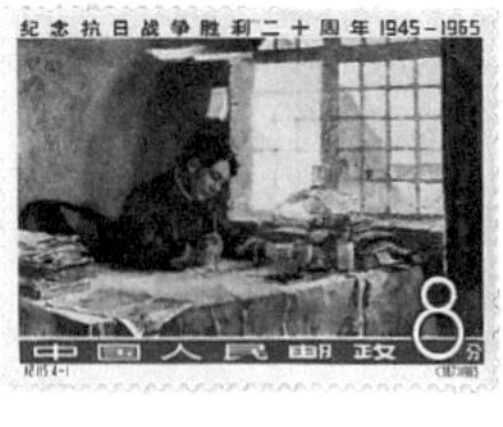

抗日戦争勝利20周年記念（1965）

始まったのだ。「アジア・アフリカ作家緊急会議」を記念したり、「文化革命の先駆者・魯迅」を顕彰《けんしょう》したりする切手でも、背景は赤一色である。この魯迅切手が重要なのは、赤地の上に彼の自筆原稿をそのまま載せた図柄のものが二枚、存在していることだ。それはしばらくして、『毛沢東語録』切手の原型となった。

文化革命の先駆者・魯迅を讃美する切手（1966）

狭義の意味での「文革切手」が出現するのは、一九六七年四月二〇日に発行された「毛主席の長寿を讃える」一一枚セットからである〔003参照〕。以後、一九七〇年六月まで、都合一九回にわたり、八〇種にわたって発行された切手を中国語で特別に「『文』字郵票」と呼んでいる。どうして特別かというと、蒐集家の便を図って、すべての中国切手には左下隅に編号が記されることになっていたのだが、この時期に限って、その習慣が廃止されてしまったからである。

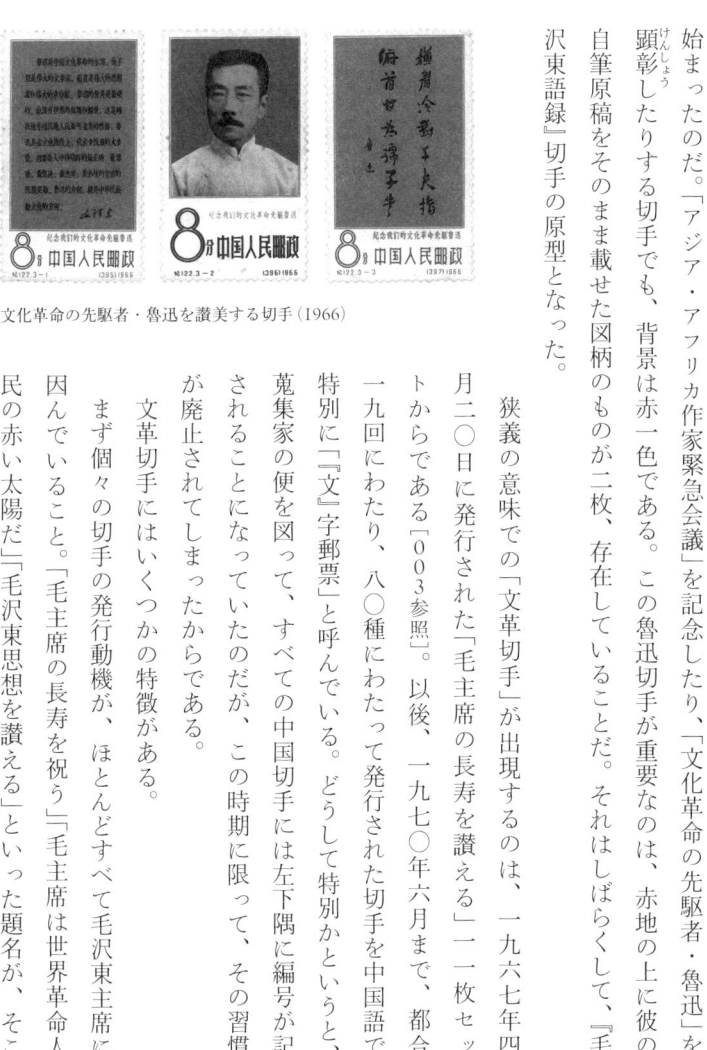

文革切手にはいくつかの特徴がある。

まず個々の切手の発行動機が、ほとんどすべて毛沢東主席に因んでいること。「毛主席の長寿を祝う」「毛主席は世界革命人民の赤い太陽だ」「毛沢東思想を讃える」といった題名が、そこには与えられている。書斎で詩を書いている毛沢東。人民服を着て、訓示を垂れている毛沢東。世界中の人々が両手を挙げて歓喜している上に、さながら太陽のように大きく輝いている毛沢東。

次に、毛沢東のさまざまな映像とは別に、彼の直筆による『語録』の引用だけからなる切手が多数存在している。文革切手の第一回目は先に述べた「毛主席の長寿を祝う」セットだが、なんとそのうち一〇枚は、赤地に金色で記された言葉が赤と金の額に飾られている切手で、連刷になっている。さながら真紅の絨毯《じゅうたん》を眺めているようだ。続いて白地に黒で『語録』の文字を記し赤い額で囲ったものも、一三枚セットで発行された。『語録』切手はプロパガンダの究極の形態かもしれない。これらの切手を貼って郵便を投函することが、『語録』の普及に通じているからだ。現在の中国切手カタログで通して眺めてみると、この時期だけは切手という切手が赤一色で塗り潰されている。もしこれが誰か個人の心のなかを描いた切手であったとすれば、どうみてもその人物の内面には狂気じみた事態が起きているとしかいいようがない。

文革切手の第三の特徴は、発行部数が異常に多いことである。もっとも少ない毛沢東像の切手で二九〇万枚。毛沢東の書を掲げたものは一〇〇〇万枚。一九六八年の「毛沢東思想を讃える」という一枚ものは、なんと一億枚も刷られている。とはいえ、この部数でも人民解放軍代表部は納得がいかなかったらしい。同じ年に「毛主席、安源へ」〔004参照〕という切手の発行に際しては、五億の人民が一人一枚ずつ使用できるよう、ただちに五億枚を印刷せよと郵電部に命令した。もっともさすがにこれは技術的に不可能だったようだ。だが、何といってもこの切手は若き日の毛沢東青年が青雲の志をもって故郷を出奔するところを、集団制作で描いた油絵にもとづいている。切手を封筒に貼付の際にけっして画面を汚してはならず、消印は下方の余白に押すことという、厳格な指示がなされていた。このあたりは、神聖なる指導者の映像が切手として用いられるときに必ず生じるジレンマが横たわっていたようだ。天皇の肖像を一度も切手に描かなかった、軍国主義下の日本のことと比較してみると興味深い。

　ここでわたしが奇妙に思うのは、かくも大量に発行された文革切手が、現在なぜ恐るべき高値を呼んでいるのかという疑問である。もしこの時期に発行された八〇種の切手が完璧な形で揃っていれば、売り値はまず日本円で一〇〇万円は下らないだろう。高値の理由は、次のことから推測できる。文革期にあっては切手蒐集が禁じられたため、人々はそれを保存することを許されていなかった。そもそも誰もが集会での吊るし上げに怯《おび》える日々である。使用済みの切手をわざわざ封筒から剝がして保存するような、心のゆとりなどもちようがなかった。

　では海外に流出した切手はどうであったかというと、文革初期にはまだ外国の蒐集家のために一定枚数の切手が輸出されていた。だが一九六七年一〇月からはそれが不可能となり、たまたま中国に旅行に行った外国人が郵便局で購入するということがなければ、文革切手が国外に知られることはなかった。もちろん、実際に郵便物に添付され、外国へ渡った切手がないわけでもない。しかし、まず外国に郵便を出したと発覚した時点で、人々は帝国主義のスパイであると見なされ、仮借ない批判に晒されるのがつねであった。加えて一九六八年のある時点からは、海外への私的な交信そのものがいっさい禁じられてしまった。ちなみにこの原稿を書いているわたしの机上には、二〇一五年に北京国際飯店で開催されたオークションのカタログがあり、そこに『語録』切手の一枚が貼られ、北京からイタリアのフィレンツェ宛に投函された封筒の図版が掲載されている。オークション価格は五〇〇〇人民元（当時一元は約一九円）である。文革切手は使用済みですら珍しく、ましてや状態のいい未使用のものはそれに輪をかけて稀少であることが、こうした事情から推察できる。

発行中止切手が次々と登場

文革切手の最後の特徴は、社会全体が大きく転倒している最中であったことから、発行に際しても大きな混乱が見受けられることである。たとえば一九六八年の九月から一〇月にかけては、発行予定であった切手が次々と取りやめとなるという、奇怪な事態が生じている。具体的にいうならば、「毛主席給日本工人朋友的重要題詞」、「無産階級文化大革命的全面勝利万歳！」「全国山河一片紅」という三種の切手のことだ。

最初のものは、一九六二年九月に日本の労働者代表団が北京で毛主席と接見したとき、主席が贈った「題詞」を描いたものである［005参照］。マルクス・レーニン主義という普遍的な真理と日本の革命実践が結びつけば、革命勝利は疑いなしという、今からすればはなはだお目出たい言葉が、切手の中央に掲げられている。六年も前の言葉をわざわざ持ち出してくるあたりに、強烈な政治的な意図が窺われるが、言葉自体には何の問題もない。何しろ中国は一九六五年に「日中青年友好大交流」を記念して、わざわざ「沖縄をかえせ！」という文字を日本語で入れた八分切手を発行しているくらいである。ヴェトナムやキューバを支援するように、日本の反米勢力を支援するのは当然である。というので、今回の切手が企画された。ところがそれが無事に印刷を終えたところで、突然に当局から緊急の通知が下り、すべての切手を処分することになった。推測するに、日本共産党がこの時期に文革を批判したことが響いたのであろう。

もちろんこうした不祥事のつねとして、ごく少部数ではあるが流出したものがあり、現在では稀覯切手の最たるものとなっている。

次の二枚は、文革切手のなかで最大のスキャンダルを呼んだものである。

一九六八年九月五日、ついにチベットと新疆《しんきょう》という二つの自治区でも革命委員会が成立し、台湾

日中青年友好大交流・団結する両国青年（1965）。日本語が表記された唯一の中国切手

文革切手は
赤一色

省を除いて、中国全土二九省が文革に勤《いそ》しむこととなった。文字通り、「全国の山河がいっせいに赤く染まった」わけである。そこで一〇月一日の国慶節《こっけいせつ》（建国記念日）に合わせて、「無産階級文化大革命的全面勝利万歳！」と銘打った、縦四センチ・横六センチの巨大切手［006参照］を発行することになった。この切手には毛沢東と、彼に付き従ってその語録を掲げている林彪副主席が並び、農民、労働者、学生がその姿を見て歓喜しているという図柄が予定された。だが、結果的にこれは印刷されたものの、発売中止になった。図柄一面を赤で塗りつぶし、革命的な人民大衆を大きくあしらうべしという御達しが出たためである。

そこでやりなおし切手が急遽製造された。今度の切手には赤く塗られた中国の全土と「全国山河一片紅」の文言、その右下で意気揚々と『毛沢東語録』を掲げている労働者の男女と兵士、さらに夥しい数の赤旗が描かれている［007参照］。まさに理想的な革命の光景である。だがこの切手にしたところで、結果的には発行されなかった（もっとも切手の常で、ここでも少部数が流出してしまったことは否めない。文化大革命が開始されて二年、印刷工場は文字通り疲弊の極にあったのである）。というのも、この切手はあまりにも巨大すぎて、中央宣伝工作会議の精神に適さないと、周恩来が苦言を呈したのである。

切手はただちに半分のサイズ、つまり縦四センチ・横三センチに縮められることになった。図柄はほぼ同じである［008参照］。発行予定日は一一月二五日。とはいえあまりの混乱に、集団制作のどこかの段階で誤解が生じてしまったのだろう。女子労働者の右腕を眺めてみると、不自然なまでに巨大に膨れ上がっている。これは切手を制作する側が図柄に対し、冷静に対処するだけの心の余裕を喪失していたことを意味している。下手なことを申し出れば、たちまち集会で突き上げを食らい、晒し者にされる時代だったのだ。

だが、それでも腕の太さなど大した過ちではなかった。切手が刷り上がった時点で、さらに重大なミスが発見された。こともあろうに台湾だけが白いままであったのである。もちろんそれは蔣介石政権の台湾占有の事実を考えてみるならば、当然のことである（と、日本人であるわたしは思う）。だが、中華民国の存在そのものを頑強に否定している共産党政権としては、この画像はあってはならぬものであった。この切手もただちに回収され裁断された。責任者はおそらく厳罰を受けたことだろう。

こうして文化大革命の勝利を祝うはずのこの切手は、二度にわたる図柄とサイズの変更の後に、もっともあってはならない大失策を起こして回収された。およそ世界切手発行史にあって、もっとも滑稽で、もっとも不毛な挿話であるといえる。とはいうものの中国はあまりに広い。文革の最中ということもあって、管理は杜撰《ずさん》を極めていた。指令が到達しなかった地域がいくつかあり、突然の決定に当惑したいくつかのところでは、切手をそのまま発売してしまった。枚数にしておよそ二〇〇〇枚が流出したと伝えられている。先に言及したオークションでも、この切手は未使用のもので、三五万から五〇万人民元の売値が付けられている。わたしがもっている研究書にはその使用済みの図版までが掲載されている。それがいくらの価値があるのか、わたしにはとても想像がつかない（ちなみにこれを書いている現在、日本の某切手商が設定した買い取り価格は、なんと一〇〇〇万円である）。

　こうした不祥事が連続したことが与《あずか》ってのことだろう。この年の一二月一九日には、周恩来総理が、これ以上、毛主席の図像や語録、詩歌を切手には描いてはならないという通達を発している。不必要なまでに巨大な切手を発行したところで、毛沢東思想を宣伝したことにはならないと、彼は言い連ねている。さすがは周恩来。四人組が跋扈《ばっこ》し、紅衛兵が狂騒状態に陥っているなかで、ただ一人冷静さを失わず、事態を客観的に判断していた大人だという気がする。

南京長江大橋完成記念（1969）

　周総理の一声によって、赤一色の狂騒状態は終焉を迎えた。七日後の一二月二六日に発行された毛沢東思想賛美の切手は、かなり調子を抑えたものとなっている。それ以後、およそ半年にわたって中国は切手を発行していない。方向を変更するにあたって、それが反革命であると批判されるのではないかと、さまざまな迷いや疑いがあったことだろう。ともあれ一九六九年五月に発行された「南京長江大橋完成」

の四枚セットは、それまでの文革切手とは一線を画していた。それは写実的に描かれた巨大な橋の切手であって、これまでの二年間を見てきた者にとっては、憑き物が落ちてしまった切手という感じがしないでもない。四枚の切手を細かく眺めてみると、なるほど赤という色彩がないわけでもないが、以前と比べてはるかに控え目になっている。

文革切手はその後も一九七〇年までポツリポツリと単発で発行されたりするが、そこにはもはや昔日の勢いはない。文革の継続によって社会全体が疲弊してしまったのだろう。一九六九年からは新しく普通切手が出現する。もはや華麗なグラビア印刷ではなく、費用のかからない平版印刷であり、切手のサイズも著しく小さくなっている。それは中国の国力が相当

［上］中国共産党50周年記念（1971）
［下］延安・文芸講話発表30周年記念（1972）

に落ちてしまったことを示している。一九七一年になると、ふたたび切手の下の余白に編号が復活する。「中国共産党五〇周年」や、毛沢東の延安での「文芸講話発表三〇周年」の記念切手が発行されるが、もはやそこに毛主席の映像はない。

それではこの時期にわたしは何をしていたのだろうか。実は何もしていない。わたしが中国切手に情熱を抱いていたのは一九六五年までで、九月の「抗日戦争勝利二〇周年」の記念切手を最後に、蒐集に封印を施してしまったのだ。もっともたとえ関心があったとしても、この時期に日本にいて文革切手を入手することはまず不可能であっただろう。

ずっと後になって、わたしは北京で文革時代の切手の図案を描いていたという人物に出会ったことがあった。彼は映画学校の教師で、映画美術から出発して、陳凱歌《チェンカイク》や張芸謀《チャンイーモウ》といった第五世代の監督たちを教えた人物でもあった。あの時代のことは話したくないし、二度と思い出したくもないと彼がいったことを、わたしは今でも憶《おぼ》えている。

003

004

［文革切手は赤一色］
003 毛主席の長寿を讃える（1967）
004 毛主席、安源へ（1968）
005 発売中止となった毛主席が日本の労働者に贈った題詞（1968）
006 発売中止となった無産階級文化大革命的全面勝万歳！（1968）
007 発売中止となった横ヴァージョンの全国山河一片紅（大一片紅）（1968）
008 発売中止となった縦ヴァージョンの全国山河一片紅（小一片紅）（1968）と、そのレプリカとして30周年時に発行された小型シート

005

006

007

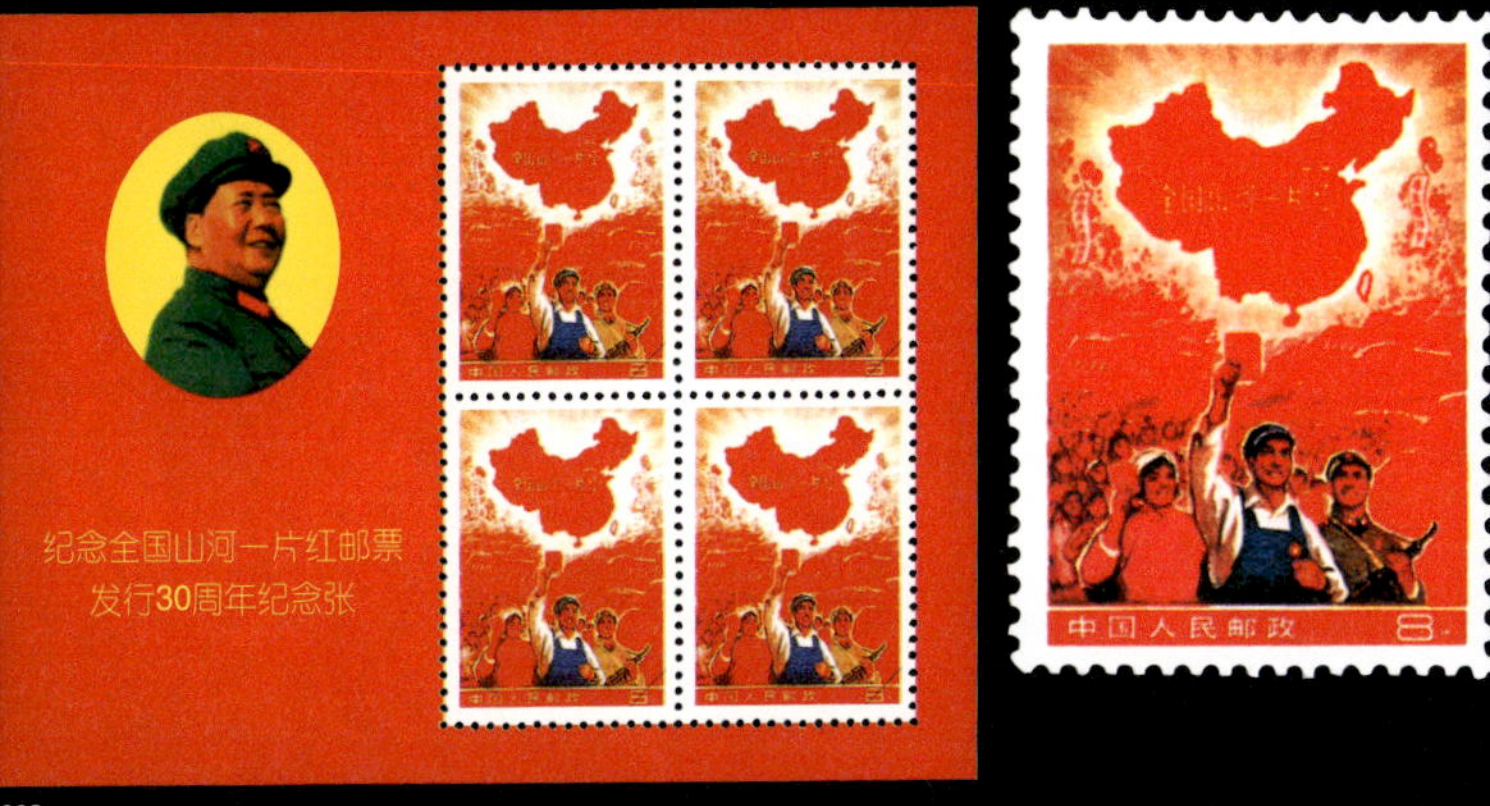

008

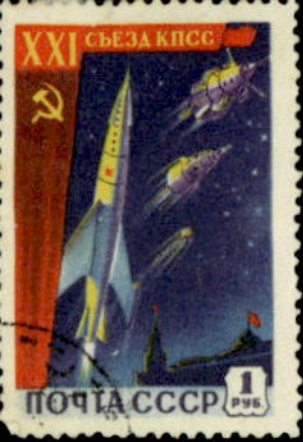

009

010

011

012

013

015

［なぜソ連がなつかしいのか］

009 ソヴィエト人民による宇宙征服（1959）

010 スプートニク1号発射（1957）

011 スプートニク3号発射（1958）

012 ボストーク1号発射・ガガーリンの肖像（1961）

013 ボストーク1号発射・クレムリンとフルシチョフ首相祝辞（1961）

014 縦7cm×横15cmのソ連の宇宙飛行士（1962）

015 ガガーリン初飛行1周年（1962）

014

016

017

［凹版はどこへ行く❶］
016 スターリン没後1周年（1954）
017 紀元二千六百年・金鵄（1940）
018 自然公園の日制定記念（1959）
019 日米修好通商百年記念（1960）
020 チェスラフ・スラニアの1000枚目の切手（2000）
021 ラオスの凹版切手（1958）
022 筆者が偏愛する凹版切手、マラルメ没後100年記念（フランス、1998）

018

019

022

021

023

024

［凹版はどこへ行く❷］
023　筆者が偏愛する凹版切手。上の列からポーランド（1988頃）、スペイン（1966）、チェコスロヴァキア（1974）
024　チェスラフ・スラニアの1000枚目の切手（スウェーデン、2000）

なぜソ連がなつかしいのか

アメリカよりもソ連

なぜソ連がなつかしく感じられるのだろうか。世界中に威圧的な恐怖を与え、みずからもひどく情けない形で滅亡した専制恐怖国家が、なぜ喪失したもののカテゴリーとして、つとに追憶の対象となるのだろうか。わたしが語ろうとしているのは二〇世紀の世界史のことではない。ごく個人的に、少年時代のわたしがロシアの文化とソ連の科学発展に抱いていた、素朴な憧れのことである。

まずトルストイのぶ厚い童話があった。戦前に母が読み耽ったその同じ本を、小学校に上がったばかりのわたしは繰り返し愛読した。次にいわゆるロシア民謡があった。それがどこまで原曲の意味を伝えているかなど、誰も気に留めてなどいなかった。誰もが「走れトロイカ」を歌い、「紅いサラファン」に声を合わせ、「一週間」に手拍子を打った。それからロシア料理があった。ピロシキ、ボルシチ、酢漬けのキャベツ。わたしの母はときおり「ロシア・サラダ」と称して、大量にキャベツの酢漬けを調理した。どうしてロシアなのか、作っている本人に尋ねてもわからなかった。それからチャイコフスキーの甘美な音楽。モロゾフというチョコレートの不思議な音の響き。親戚の誰かが冠婚葬祭のときに語るハルビンの思い出……。何とわたしは小学校の卒業文集に、「行きたいところはモスクワ」と記すほどだった。

ロシアのことを思い出すとき、振り返って比較してみたいのはアメリカのことである。サンフランシスコ講和条約の二年後に生まれたわたしは、進駐軍文化に蒙を啓かれた世代よりも少し年少である。アメリカの大衆文化は日常的に蔓延していた。映画館ではひっきりなしに西部劇が上映されていたし、若者たちはロカビリーに夢中になっていた。にもかかわらずわたしは、そうした戦後アメリカ文化をいささかも懐かしいと思わない。野球はもとより何の興味ももてなかったし、ハリウッド映画に強烈な印象を受けたという記憶もない。コンビーフも、ハンバーガーも、強いて食べたいと思ったことがない。

わたしは同世代のなかで少数派なのだろうか。ロシア文化にあれほどなつかしさを感じるというのに、同時代のアメリカ文化に対してはほとんど何も心動かされるところがないというのは。わたしは一三歳のとき、オストロフスキーの『鋼鉄はいかに鍛えられたか』という社会主義リアリズムの長編小説を夢中になって読んだが、おそらく日本人のなかであの小説を読んだ最後の世代だったはずである。

切手蒐集について考えているうちに、わたしは小学生時代のソ連への憧れが何に起因しているかが朧げに理解されてきた。ABC順に整理してある切手アルバムをソ連CCCPのところまで見直してきて、突然に思い当たったのである。わたしをソ連へと向かわせたのは民謡でも童話でもなかった。いわんや共産主義への関心でもなかった。それはスプートニク、ボストークに代表される宇宙開発、言い換えれば、未来へ向けての科学技術の発展だったのである。

わたしが最初に手にしたソ連切手は、一九五九年一月、「第二一回ソ連共産党大会」に合わせて発行された「ソヴィエト人民による宇宙制服」のIルーブル切手である〔009参照〕。芝居の緞帳のように、左手には赤旗が控えている。右手はクレムリンの夜景で、ここにも赤旗が翻っている。明るく澄みきった空に向かって、ルーニクからスプートニクまでが次々と発射されている。ちなみにこの切手と同時に40コペイカ（レーニンの肖像とクレムリン）、60コペイカ（ヴォルガ河畔のレーニン発電所と労働者）の二枚が発売されていて、一セットとなっている。

わたしはこの切手をどのように手に入れたのだろうか。父親の自動車会社は共産圏とは取引をしていなかったため、そちらの筋ではない。となると街角の切手商か、小学生どうしの交換ごっこを通してとなるだけだが、どうしてセットのなかの最高額面であるIルーブルだけが手元にあるのか、その理由がわからない。もし子供どうしの交換であったとすれば、この手の切手は相当な「高値」がついていたはずで、交渉する側のわたしとしてもそれにふさわしいだけの切手を準備したはずである。

ともあれこの切手からは、ソヴィエト人民こそが宇宙を征服するのだという確信が強く伝わってくる。共産党大会の切手だなどと説明してくれる大人は身近にはいなかった。わたしはこれを単に宇宙開発の切手だと受け取り、日本の切手ではまず予想もできない世界がここに開示されていることを知った。それはまさしく人類の未来であった。そしてこの切手がきっかけとなって、わたしはソ連の宇宙開発切手に目を配るようになった。

宇宙の征服者

発行順序は逆になるが、スプートニクI号の発射を記念する40コペイカ（一九五七年一一月五日発行）を手に入れたときには感動したことを記憶している［〇Ｉ〇参照］。深い藍色の宇宙の只中に白く光る地球が浮いている。その周囲を人工衛星が大きく光の輪を描きながら回転している。後になってわたしは、この切手の発売一ヵ月後に、より刷色を明るくした別ヴァージョンが発行されているのを知った。もちろんこれも入手した。二枚を並べてみると、いずれも甲乙つけがたいが、やはり一枚を選ぶとすれば、先に発行されたものとなるだろう。より直接的な形で、宇宙の暗黒空間に対する畏怖の念を受け取ったように感じたからである。

その年の終わりにはスプートニク2号の成功を祝う四枚組が発行されているが、わたしはこれを無視している。ソ連切手に頻繁に登場する女性像、ヒラヒラとした衣装を纏いながら、片手を高く掲げて永遠を示唆するといった風の彫刻が絵柄だったので、おそらく気にも留めなかったのだと思う。3号を記念する40コペイカ切手が［〇ＩＩ参照］発行されたのは、一九五八年六月である。満天の星を戴く宇宙を人工衛星が横切り、下方に太陽が明るく輝いているという図柄である。I号のときと比べると切手自体がひどく小さく、半分ほどしかない。色彩も平板な印象がある。ただ興味深いのは、その切手にも同じ大きさのタブ、つまり耳が付いていて、そこに人工衛星打ち上げのようすが細かく記されていることだ。

一九六一年は、いよいよ有人宇宙船ボストークI号が発射された年である。人類で初めて宇宙空間へと飛び出したユーリー・ガガーリン少佐はたちまち時の人となり、ソ連では彼に因んで、都市や小惑星が名付けられたりした。アメリカは苦い顔をしたかもしれないが、日本でもガガーリンはたちまち子供たちの英雄となった。もちろんソ連は四月に記念切手を発行した。その前年にデノミネーションによって通貨が改訂されたため、3コペイカ[0I2参照]がガガーリンの肖像。両脇にロケットと勲章が描かれている。6コペイカ[0I3参照]がクレムリンから発射されるロケットとレーダー設備。10コペイカがガガーリンとクレムリンである。

3コペイカは何しろ本人の肖像なので人気があった。曖昧な記憶でいうのもよくないが、日本では少年漫画週刊誌で読者プレゼントの対象になっていたような気がする。後の二枚は話題にならなかった。クレムリンとロケット発射という点では、先に触れた共産党大会記念と、描かれているものにさほど変わりはなかった。ただここでも切手と同じ大きさのタブがあって、宇宙船の成功を祝うフルシチョフ首相の祝辞が添えられている。

わたしが驚いたのは、このセットには図柄としてはまったく同一で、無目打のものが発行されていることだった。もちろん蒐集家を当て込んでのことである。後に一章を別に設けて書いておきたいが、無目打の切手はつねにわたしを当惑させ、興奮させる。あるべきところにあるものがないという事態が、ともすれば眠り込もうとするわたしの眼をはっきりと目覚めさせるのである。

ボストークの成功はソ連に大きな自信を与えた。それはこの共産主義国家こそが科学技術において世界の最先端であるというメッセージを、全世界に向かって発信する根拠となった。記念切手がその尖兵となったことはいうまでもない。これ以後、ソ連は実に活発に、というか、濫発気味といっていいほどに、宇宙開発切手を発行することになる。かといって図柄となるものはすでにほとんど出尽くしている。宇宙の暗闇と地球。人工衛星と宇宙船はつねに下方から右上がりに発射され、その白い軌跡が青い宇宙に輝いている。だが、それ以上に描くべきものはない。ライカなる犬を宇宙船に乗せたときは犬が使えたが、所詮は一回きりである。困り果てた切手製作者たちはアイデアに苦しみ、それだったらいっそのこと、切手のサイズを変えてみようと思い立った。

一九六二年一一月には、「宇宙の征服者」であるロシア人を讃えるという主旨のもとに、一連の切手が発行されている。最初の三枚はガガーリン以降の宇宙飛行士たちの顔であり、彼らがロケットを見上げている絵である。次の二枚は人工衛星のような記章を手に空に向かって大きく飛翔しようとしている男の彫像で、いかにもソ連らしい記念碑性に満ちている。ここまでは4コペイカから10コペイカの額面。ところが六番目だけが小型シートの扱いで、他と大きく異なっている。なんと縦七センチ、横一五センチの大きさで、Iルーブルの額面なのだ［0I4参照］。当時の公定為替レートでは、Iルーブルはたしか四〇〇円ほどであったと記憶するが、もちろんこれは現実にモスクワで使いきれる額面ではない。

日本の少年雑誌には、このIルーブル切手は世界最大の切手現わるといった調子で記事が掲載されていた。絵柄はガガーリン、チトフ、ニコラエフ、ポポヴィッチの四人が並び、先の記念碑彫刻が脇にあしらわれている。わたしはこれをいつ購入したのか記憶にないが、さすがに高価な切手だったので、清水の舞台から飛び降りるような気持ちでデパートの切手売り場を訪れたのではないだろうか。だがひとたび手に入れてみるとなんだか大味の西瓜を食べているような気がして、ただちに飽きてしまったような気がする。

ソ連はその後も、女性飛行士テレシコワを登場させたり、いろいろと宇宙開発切手を発行し続けた。切手カタログで調べてみると、その頻度においてレーニン切手といい勝負であったような気がする。もっとも集める側のわたしとしては、先の巨大切手の後は憑き物が落ちてしまったようで、このジャンルに進むことを放棄してしまった。

ただ最後に、その当時から手元にあって、以前から妙に気になっていた一枚についてだけ書いておきたい。一九六二年四月にガガーリンの成功一周年を記念して発行された10コペイカ切手である。これも目打つきと目打なしの二種類が発行されている。わたしが所有しているのは奇しくも無目打の方である。

この10コペイカ切手［015参照］はやはり小片であり、かたわらのタブにガガーリンの肉筆署名のマージンが添えられている。注目すべきは色彩の強烈さで、宇宙は黒一色。そのなかを朱色の宇宙船が進行している。地球は（ガガーリンの有名な言葉通り）青く塗られている。あまたあるソ連の宇宙開発切手のなかでは、小ぶりながらも強烈な印象を与える名作だといえるだろう。

ソ連崩壊の年に

わたしが子供だったころ、世界は自由主義国家と社会主義国家の二つに分裂していて、両者の間には壁ともカーテンともつかぬ境界が設けられていた。それを越えることは容易なことではなかった。社会主義国家の特徴はといえば、ともかくめったやたらと切手を発行することだった。ソ連も、ポーランドも、東ドイツも、ハンガリーも、何か理由があるとただちに大判でシリーズものの切手を発行した。どうしてなのだろうか。現在のわたしは、そこには二つの理由があったと考えている。

ひとつには、自国民に趣味を与えておくのに、切手蒐集ほど非政治的で体制順応的なものはないからだ。だがもうひとつ、切手発行ほど元手がかからず、堂々と国際的に輸出できる商品はないからだ。費用は印刷代だけ。これが紙幣の印刷だととんでもないインフレを引き起こす危険がある。その点、外国では使用のできない郵便切手には心配がない。資本主義圏の子供たちから堂々と金銭を巻き上げるのに、これほど楽な商売はないのではないか。

ソ連が崩壊する年、わたしは初めてモスクワを訪れた。かつてこの都市に憧れていたわたしは、そこに騒然とした混乱しか見ることができなかった。路上ではレーニンの肖像画から正教会からもち出したと思しきイコンまで、ありとあらゆるものが売られていた。大きなストックブックが何冊も、いかにも無造作に並べられている。一九六〇年代から三〇年にわたってソ連で発行された、すべての切手だという。値段を聞いてみると、信じられないくらいに安かったので、米ドルで支払い購入した。だが、切手はまとめ買いなどするものではない。帰国してストックブックの中身を確認したわたしは、ただちに後悔した。ソ連の切手という切手があまりに退屈に見えてきたのである。やはり切手というものは、一枚一枚、思い入れを込めて買わないとダメだなと、改めて思い知らされた。だがそれ以上に、ソ連がよくもこれだけ、大柄でカラフルなだけで、少しも面白くない切手を発行し続けたことに、呆れ返ったのである。もっともわたしのソ連へのなつかしさは、そのときまでにはきれいさっぱり消滅していたのだが……。

凹版はどこへ行く

スターリン追悼切手

切手に直接、指で触れてはいけない。これは蒐集家が最初に学ぶことのひとつである。人間の指からは、どんなに清潔にしていても、微量の脂が滲み出ている。汚れが付着している場合もあるだろう。だから切手を前にしたときには、かならずピンセットでそれを摘まなければいけない。今、偶然についてしまった見えない汚れが、しばらく時間が経ってから、思いもよらぬ染みとなって切手を汚しかねないからだ。

わたしにしてもこの規則をまんざら知らないわけではない。だがときおり禁を破って、大好きな切手を直に指で摘まんでみたい気持ちに駆られるときがある。みごとな造りをした凹版切手を前にしたときだ

凹版切手には、他の方式で印刷された切手にはない魅力が存在している。印刷されたインクがうっすらと盛り上がっているため、指で表面をなぞると、独自のザラザラとした触感があるのだ。これは凸版や平版オフセットではありえない。切手のなかでただひとつ、誇り高き凹版だけがもっている特性である。それはわたしに、切手が世界最小の版画であることを思い出させる。

凹版切手のすばらしさを最初に認識したのは中学生のときだった。それまでにもポーランドやチェコスロヴァキアの切手に清涼な雰囲気を感じ、日本では「平等院鳳凰堂」を描いた24円切手の優雅さに、これは別格という感想を抱いてはいたが、これを手にした以上はもう後戻りはできないぞといった気持ちになったのが一三歳のときである。

それは一九五四年、スターリンの没後一年を記念して中国が発行した三枚組切手だった〔016参照〕。400圓にはスターリンの彫像。800圓は正面からの肖像写真。最高額の2000圓は、おそらくは五カ年計画の成果を確認するためにであろう、丸めた設計図を手にダムを視察しているスターリンである。そこには後の、神経症的に赤一色となった文革切手からは予想もつかない、静寂な威厳が感じられた。とりわけわたしは400圓の縦長の切手に魅惑された。背景は黒一色で、そこにほとんど白一色の彫像が立っている。「永遠の相のもとに」という言葉はこのためにあるのかと、わたしは感じた。もしこれがグラビアの、あのテカテカと光る黒であったならば、とうていこれほどの畏怖感を漂わせることはできないだろう。そう考えたとき、この三枚の追悼切手が凹版でなければならない意味に気が付いたのである。現在のわたしは、このソ連の独裁者

第1次動植物国宝・平等院鳳凰堂（1950）

がいかに残酷な粛清を重ねてきたかを知っているし、その後のソ連が彼を批判して、どこまでもスターリン崇拝を続ける中国と犬猿の仲になったことも知らないわけではない。だがこの中国のスターリン切手がわたしに与えた、ほとんど神聖とも呼べる感情はいっこうに損なわれることなく、歴史的知識の増大とはほとんど無関係に、現在にまで続いている。フェチシズムは歴史認識を越えるということなのだろうか。ともあれわたしはこうして、凹版切手に目醒めたのである。

凹版のプライド

これは日本だけではなく、世界的な傾向であったが、第二次大戦の前に切手印刷の中心にあったのは凹版だった。あの押し出しの強さ。図柄の端っこにまでインクが充溢していて、心なしか盛り上がっているような感じ。凹版にはお花見の席で機嫌よく酒を呑み、大勢の前で大声で歌っている伯父さんのように、庶民的に機嫌のよいところがあった。日本ではその代表は、大正時代を通して親しまれた「田沢切手」である。

平版オフセットはそれに比べてひどく貧相に見えた。その名の通り切手全体が平べったく、自己主張をしているのか、していないのかがわからない。典型が関東大震災直後の「震災切手」であり、日本全土が焼け跡と化した直後に発行された「第三次昭和切手」である。糊もなければ目打もないこのシリーズは、ことごとく平版オフセットだった。いかにも吹けば飛ぶような心細さがそこには感じられる。

凹版切手は両者に比べ、著しく気位が高かった。これは製造法からして複雑であり、完成までに時間がかかる。熟練の腕をもつ彫刻師が一点一点、直接に版に図柄を彫りつけていく。点ではなく線である。型版の焼き入れにはシアンを用い、クロームメッキを施す。いずれもが人体に有害な化学物質である。版面を複製するための転写機操作は煩雑を極めているし、機械に残った余剰のインクを拭き取るためには、別に溶剤を準備しておかなければならない。一言でいうならば、あまりに手間暇がかかるため、おいそれと製造するわけにはいかない。その代わり、ひとたび完成すればまず偽造は困難である。

[左上] 図案公募で入選した印刷局局員の名前をとって呼ばれた田沢切手
[右上] 民間印刷会社に作らせて発行した震災切手 (1923)
[左下] 新高額切手・神功皇后 (1924～37)
[右下] 戦時色の強い第3次昭和切手 (1945～1946)

　戦前には5厘から1円まで、普通切手の低額は凸版であったが、神功《じんぐう》皇后をあしらった5円、10円の高額切手は、つねに凹版で印刷されていた。戦前における凹版切手の頂点は、一九四〇年の「紀元二千六百年」の2銭と4銭あたりだろう。とりわけ金鵄《きんし》を描いた2銭は美しい[017参照]。周囲に立ち込めていた黄金の大気がいよいよ煮詰まって、いかにも光り輝く鳥が顕現したという雰囲気がする。この切手では、局所凹版という凝った手法が用いられている。植村峻氏によれば、グラビア切手の銅シリンダー版面の上に、手作業で凹版の画線を腐蝕方式で手で彫り込むというテクニックだという。ここまで洗練された域に到達していた日本の切手印刷技術が、戦争によって中断されたことは、実に残念だとしかいいようがない。

戦後になると、凹版、凸版、平版の三者が織りなす位階はみごとに解体した。現在ではふたたび主流となったが、平版オフセットは戦後の復興が一段落したとき、一時的に見向きもされなくなったことがあった。凸版は一九五九年の「法隆寺壁画」の10円切手を最後に姿を消した。凹版はというと、あまりに費用と時間がかかりすぎる上にシブすぎて、復興する戦後社会の成金気分とは齟齬を来していた。社会が恐ろしいスピードのもとに高度成長を遂げたとき、たちまちに日本切手の主流を占めることになったのは、凹版の一種ともいえる新参のグラビアである。

グラビアの売りは微細な濃淡の再現性とその色彩だった。「見返り美人」や「月に雁」のように、戦後しばらくは地味な単色が続いたが、その後めきめきと技術を向上させ、四色から六色まで、カラフルな世界を創出した。通常の四色の他に特別なスポットカラーを併用して、色別の版下を作成し、化学的な腐蝕処置に委ねる。これは熟練の技術者のみがよくしうるところである。日本のグラビア技術は、一九六〇年の「ハワイ官約移住75年」切手では、曲がりなりにも虹を描けるまでに進歩した。その後のさらなる躍進については、ここに書くまでもないだろう。グラビアの覇権は半世紀にわたり続いた。

グラビア天下に陰りが見えだしたのは一九九〇年代である。印刷業界に本格的にコンピュータが導入され、コスト軽減と納期の短縮が叫ばれるようになったとき、旧体制のグラビアでは立ち行かなくなったことが露呈した。熟練技術者はいつしか消えていた。もはや銅製のシリンダー版面に凹版画像を彫り込むことのできる者はいない。グラビアは作業を自動彫刻機に任せ、電子化することで延命を求めた。

グラビアの「偉大なる時代」の終焉に乗じて急速に台頭してきたのが、これまでどちらかといえば貶下《へんげ》されていた平版オフセットである。平版オフセットは二〇〇〇年代に入って品質を著しく向上させ、現在ではグラビアを抜いて、切手印刷の主流となっている。表面平滑度の高い用紙の出現。網点スクリーンの細分化。インクの光沢度の向上。多色印刷機の開発。専門的なことをいい出すとキリがないが、こうして平版オフセットは圧倒的な技術向上に支えられ、複雑な色彩処理をも平然と熟《こな》せるようになった。加えて平版オフセットには、もはやグラビアのように旧時代的な巨大な設備も、昔気質の熟練技術者も準備する必要がなかった。

だが平版オフセットに問題がないわけではない。製造された切手を並べてみると、一様にフラットな印象があり、線と色彩において、強烈に個性に訴えてくるものが寡《すくな》いのである。とりわけ切手蒐集家にとってそれは、日本切手離れの少なからぬ理由となっている。凹版への郷愁が喚起されるのは、そうした瞬間においてである。

凹版切手はつねに〈作者〉の手の痕跡を残すことで、半ば芸術品であるかのように扱われてきた。もっともその欠点はコスパが悪いことと、色彩において保守的なことであった。これは日本のみならず、全世界的な傾向である。だが戦後には片隅に置かれながらも、凹版印刷は独自に手法を発展させ、さまざまな可能性に挑戦してきた。一時は多色化の波に押され、置き去りにされてきた感があったが、コンピュータ技術を巧みに取り込み、レーザー光線で映像を版面に重層的に彫りつけていくことができるようになった。熟練した彫刻師がいなくとも、機械がそれをある程度まで代行するようになったのである。グラビアの多彩を取り入れた上で凹版を重ねたり、オフセットで外枠を固めてから中央の図柄と文字だけは凹版で入れるといった具合に、他の印刷技術と積極的に組むことで凹版本来の短所を克服し、新しい世界へと踏み出した。一枚の版で、複数の異なる色のインクを一度に印刷する方式は、ザンメル（ドイツ語で「集める」の意）と呼ばれ、凹版の延命に大きく貢献した。ちなみにヨーロッパのいくつかの国で、もっぱら美術切手を中心に行われているのは、三色によるザンメル凹版が多い。

このようにして凹版切手は、けして点数は多くないが、世界のいくつかの国では今でも製造され続けている。ひょっとしてそれはわたしのように、凹版ならばそれだけで十点プラスといった類の蒐集家がいるからかもしれない。いや、切手の彫り師として、採算は度外視しても、一国の切手の格調を保っておきたいという心意気のある人物が存在しているからかもしれない。長らく無粋な印刷史の説明が続いたが、ここらでわたしのお気に入りの凹版切手について書いておきたい。

日本切手の名品

日本切手のなかでまずわたしが挙げておきたいのは、「日清戦争勝利」を記念して一八九六年に発行された四枚組である。神功皇后を描いた5円、10円の高額切手に先立つこと一二年、日本で最初の凹版切手であった。

　戦死した二人の皇族、有栖川親王と北白川親王の肖像がそれぞれ2銭と5銭の切手になっている。大日本帝国が発行した二度目の記念切手であるが、これを「明治銀婚記念」のように凸版ではなく、前例のない凹版にしたのは、やはりやむごとなき

日清戦争勝利記念(1896)。左は有栖川親王の2銭。右は北白川親王の5銭。追悼の意を込め、特別に凹版で印刷された

明治天皇銀婚を祝った、日本で最初の記念切手は、凸版で刷られた

御方の顔を描く以上はという配慮が働いていたからだと睨んでいる。日本ではそれ以後、一九五九年に明仁皇太子が結婚するまで、皇室の面々が切手に登場することはないのだから、これは貴重な例外である。この四枚を眺めるたびに、わたしは日本にあっては凹版印刷が当初から威厳あるものと見なされ、崇高さの表象にふさわしいと見なされていたという思いに駆られる。

戦後の切手で評価をしておきたいのは14円の「姫路城」である。これは00の銭表記のある赤茶色のもの（一九五一）と、単に円表記だけの灰白色のもの（一九五六）の二つがあり、市場価格としては前者の方が圧倒的に高い。だがいずれも、単色凹版として優れていると思う。描かれている姫路城が美しいことはいうまでもないが、コンパクトなままに凹版に纏まっているところが、品格があって好ましい。ちなみに14円というのは当時、海外に船便ではがきを出すときの額面であった。日本にもかつては、普通切手にこれほどの矜持をもった低額切手が存在していた時代があったことに感心するが、おそらくこの切手を常備していた場所は、外国人が訪れる観光地のホテルを別にすれば、ほとんどなかったのではないだろうか。

日本では一九五九年の「自然公園の日制定記念」の10円［018参照］が、最初のザンメル凹版の切手である。富士山が本栖湖に映る逆さの像と重なり、静寂にして神秘的な雰囲気を醸し出している。ここでは三色が用いられているが、細かく眺めていくと、微妙にインクが混ざり合っているような部分がないわけではない。富士山は戦前の「第一次国立公園」切手にも、一九六二年から再開された「第二次国立公園」切手にも登場している。いずれもが単色のグラビアで、いかにも日本の象徴といわんばかりの、退屈きわまりないステレオタイプの構図である。自然公園の日制定記念は逆さ富士という構図で意表を突いたばかりか、ザンメルによって風景の微妙な諧調を捉えることに成功している。

もうひとつ、この時期のザンメルで注目しておきたいのは、翌年一九六〇年に発行された、「日

［上］第1次動植物国宝・姫路城（1951）
［下］第2次動植物国宝・姫路城（1956）

米修好通商百年記念」の二枚組である〔019参照〕。10円には荒波を蹴立てて進む咸臨丸が、30円には勝海舟ら一行がアメリカで大統領に謁見する光景が描かれている。日米安保条約改定の締結直前に発行されたという時期には何やら岸信介内閣のうさん臭さを感じるが、切手はみごとなものである。咸臨丸の背後で荒れ狂う空の雲、靄、白波の描写は精緻なものであるし、謁見の場では前景に両国の人物たちを黒く、背後のシャンデリアと緞帳、居並ぶ貴婦人たち、また床の絨毯を赤く描くなど、拡大に耐えうる豊かな細部を誇っている。五〇年代から六〇年代にかけては、東京オリンピックの寄付金付き菱形切手を含め、実に多くの記念切手、特殊切手が凹版で刷られているが、この二点はとりわけ完成度の高いものだと思う。

カリスマ凹版師

日本切手の話が長く続いてしまったが、ここで最後に海外の切手について書いておきたい。世界の国のなかには、さしたる動機もないのに、ただただ騒がしいだけのグラビア多色刷り切手を大量に発行する国があるように、凹版切手を、それがただ凹版切手であるというだけの理由から発行する国が存在している。その筆頭はスウェーデンとチェコスロヴァキア（現在は二国に分裂したが）である。他にもスペイン、フランス、イタリアといった国々では、主に美術切手を中心に、優れた凹版切手の達成が見られる。だが何といっても先の二国であり、個々の切手はもちろんのこと、それが小型シートとして別に発行されるとき、改めてその魅力が倍増して伝わってくる気がする。

スウェーデンは二〇〇〇年に、チェスラフ・スラニア（一九二一～二〇〇五）の業績を讃える切手を発行した。スラニアはポーランドに生まれ、クラクフで凹版の彫版の修業を積むと、現地の郵政局に勤務した。その後、ストックホルムに移り、スウェーデン郵政局に勤めながら切手の図案を描き続けた。スウェーデンはもとより、ラトビア、リトアニアといった近隣諸国から、フランス、ドイツ、香港といった具合に、二八カ国の切手に図案を提供し、カリスマ彫版師と呼ばれた。作品の多くは凹版である。切手蒐集家のなかには、スラニアの手掛けた切手だけを集め続けるといった人もいるようだ。この偉大なる彫師の世界切手への貢献を讃えた切手は特別に大判で、一七世紀のスウェーデンの画家の大作を素材としている［024参照］。スラニアとしても、スウェーデン郵政局としても、一世一代を賭けた大作である。そこにスウェーデン語で記されている文を翻訳してみよう。

「二〇〇〇年三月一七日、チェスラフ・スラニア氏の千枚目の切手　ドロットニングホルム宮殿のダヴィッド・クレッカー・エーレンストラール作『スウェーデンの王たちの卓越せる功績』（一六九五）の中央部分」

いかにもこの切手作者によせるスウェーデンの誇りが、手に取るようにわかる。おそらくこの切手は世界中の凹版切手のなかでも、最高水準のものではないだろうか。

　とはいうものの、凹版の悦びは華美にして典雅な切手にだけ限られているわけではないことも、この場を借りて記しておきたい。第二次大戦前後のフランスとその植民地で発行された普通切手のなかには、現地の風景や風物を描いた単色凹版切手のなかに、実に辛口の、禁欲的な佇まいをもったものが、少なからず存在しているのだ。ヴェトナム、モロッコ、そしてたくさんの仏領アフリカの地域では、土地の博物誌を一手に引き受けた切手が、彫りの深い凹版を用いて製造されている。いうまでもなく印刷に関わったのは宗主国フランスである。やがて六〇年代に到ると、そうしたなかからラオス切手［021参照］のように、奇跡としか呼びようのないほどの美しさを湛えた、多色刷り凹版切手が出現する［022〜023参照］。居並ぶ象たち。地球儀に優雅に触れる天女。もし仏教的な歓喜を極小に縮めるならばかくの通りになるといった雰囲気の、見る目にも愉しい切手が、次々とラオスでは発行されていた。しかもアメリカの連日の空爆の下で。

　日本では凹版切手の彫刻者たちが作家として話題になることはまずないだろう。「龍切手」の銅板彫刻を担当したのは、江戸末期の銅板画家、初代玄々堂・松本保居《やすおき》の息子である松田緑山《ろくざん》敦朝《あつとも》であった。彼は太政官札《だじょうかんさつ》を皮切りに政府の証券を一手に任され、日本最初の郵便切手を担当した。しかしこうした文化史的経緯に関心をもつ蒐集家はまずいないだろうし、戦前の乃木大将や東郷平八郎の普通切手の原版彫刻を手がけた加藤倉吉が、戦後になって文化人切手の野口英世を遺作としたことを知る人は少ない。しかしそれが後世の千円札にまで残響を及ぼしていることを考えると、国民的映像の作者である加藤の存在を軽んじるわけにはいかない。一枚の切手の図案の背後に横たわる文化的蓄積については、せいぜい啓蒙的な美術研究者が浮世絵の原画を云々するのが関の山で、それを文化史の文脈で論じた研究者をわたしは寡聞にして知らない。ましてや日本では、原画作者を芸術家として扱おうという動きもない。スウェーデンのスラニア切手は、この北欧の郵政関係者が、いかに日本の官僚とは段違いにフレクシブルな頭脳をもち、切手というメディアに芸術的な敬意を抱いているかを語っている。

日本の建築シリーズ・第Ⅰ集（2016）

そうそう、郵便が民営化して、次々と発行される玩具ラベルのような日本切手に食傷気味のわたしは、最近になってようやく渇を癒すような切手シリーズに廻りあえた。二〇一六年から開始された「日本の建築シリーズ」である。これは切手帳に収められた単色シート四種も発行されているが、わたしはまず小型シートに注目した。きわめて少部

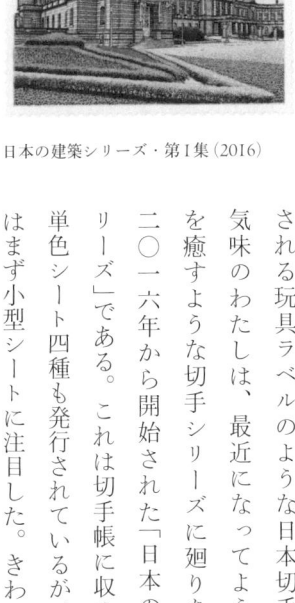

数しか印刷されず、なかなか市場に出てこないのが残念だが、久しぶりに日本の凹版切手の水準の高さを見た気がした。どの時代にも少数ではあるが、凹版切手の底の深さを知る者はいるのだと思ったのである。

目打と無目打

「裸のマハ」の衝撃

プラド美術館を初めて訪れた日のことは忘れることができない。そこにはわたしが長い間見たいと思っていた、数多くのスペイン絵画があった。ベラスケスの「侍女たち」があった。ムリーリョとエル・グレコがあった。複製であったが、特別室にはゴヤの「黒い絵」の全作が展示されていた。なかでも圧巻だったのは、「裸のマハ」と「着衣のマハ」の双方を、同時に見ることができたことだった。

「裸のマハ」には特別に思い入れがあった。一九二九年にセビージャでイベロ・アメリカ博覧会が開催されたのを記念に、スペインが画家の死去一〇〇年に因んで発行した切手に、それが大きく描かれていたからである。大学時代のことであったがアルバイトをしてお金が入ったわたしは、前々から欲しいと思っていた全三〇種類あるゴヤ切手のうちの一四枚を一気に買い揃えた。低額の一一枚はゴヤの肖像画。高額の三枚は問題の油彩をそのまま切手にした、単色凹版印刷の大判のものである。

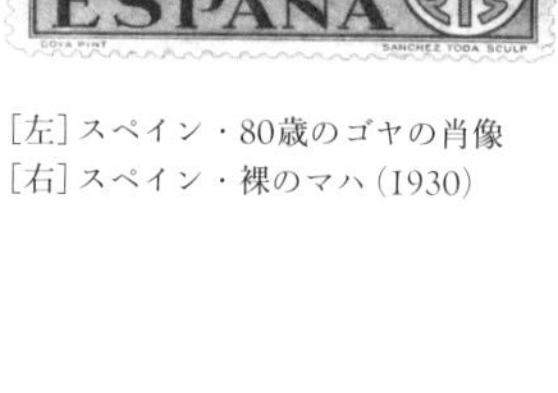

［左］スペイン・80歳のゴヤの肖像
［右］スペイン・裸のマハ（1930）

三枚の「裸のマハ」との出会いは衝撃的だった。何しろ天下の美女が、一糸まとわぬ裸でこちらを見つめている。目を凝らしてみると、股間にうっすらとヘアーまで描かれている。ちなみにこの三枚の発行はスペインでもスキャンダルであったらしい。というのもカトリック教会の権限の強いこの国では女性のヌードを描くことが長い間許されず、秘密裡に制作されたこの絵が公開されるには、何と一九〇一年まで待たなければならなかったからだ。戦利品を手に帰宅したわたしは、勉強部屋で一人きりになると、買ってきたばかりの切手を机の上に並べてみた。深い紫と藍灰、赤茶と、刷色の違う三枚に指で触れると、微かにザラリとした感触があった。わたしはいけないことでもしたかのように、ただちにそれをストックブックに仕舞い込んだ。

プラド美術館を出たわたしは、高揚した気分のまま散策をし、やがて下町の商店街に入った。ヨーロッパの都市の商店街のつねで、何軒かの切手商が店を連ねている。切手商のショウウィンドウには二通りがあって、初心者向けに最近の切手を賑やかに展示して客を引いているところと、店のお宝ともいうべき珍品を展示しているところとがある。ここまで来たのだから、ちょっと寄っておこう。わたしは軽い気持ちで一軒の店先に立った。そのとき、驚くべきものを発見した。何と一九三〇年発行の「裸のマハ」切手のシリーズ三枚が、ことごとく無目打《むめうち》の状態で、整然と並んでいたのである！

「裸のマハ」は、わたしにスペイン切手のすばらしさを教えてくれたという意味で、人生のなかで忘れがたい意味をもっている。目打《めうち》は12 1/2。大学生の時分に一大決心をしてセットを購入して以来、折につけアルバムを書棚から取り出し、一人で悦に入っていた別格の切手である。だがこのセットがそっくり無目打でも発行されていたとは！　つい一時間ほど前、プラド美術館の一室で本物と対面してきたわたしは、事の偶然に何かいわくいいがたい幻惑的な力が働いているような気がした。

ただちに店の扉を開け、片言のスペイン語を使って店の主人に話しかけてみる。主人は平然とした顔で、ぶ厚いスペイン切手カタログの「マハ切手」の頁を開いて見せてくれる。なるほどそこには傍注として小さな活字で、なおこのシリーズには無目打も発行されていると記されているではないか。それでお客さん、買うのかい？　買わないのかい？　主人はわたしをじっと見ている。無目打ものは目打ものに比べて、ほぼ一〇倍の値がつけられている。残念ながら諦めることにした。だが心臓の鼓動はまだ続いていた。その日のわたしにとって、本物の「裸のマハ」を見たことにもまして、その切手にそっくり無目打のセットが存在していたことを知ったことが衝撃的だったのである。

目打のいろいろ

切手といえばギザギザである。専門用語ではこれをperforation、略してperfといい、「目打」という日本語を当てている。

目打は切手の種類を分類し鑑定するさいに、もっとも重要な要素のひとつである。普通は二センチの間にいくつ穴が打たれているかをもって、その数がカタログに記されている。アメリカ切手のように荒いもので11。オーストラリアやメキシコだと細かくなって14くらい。日本は

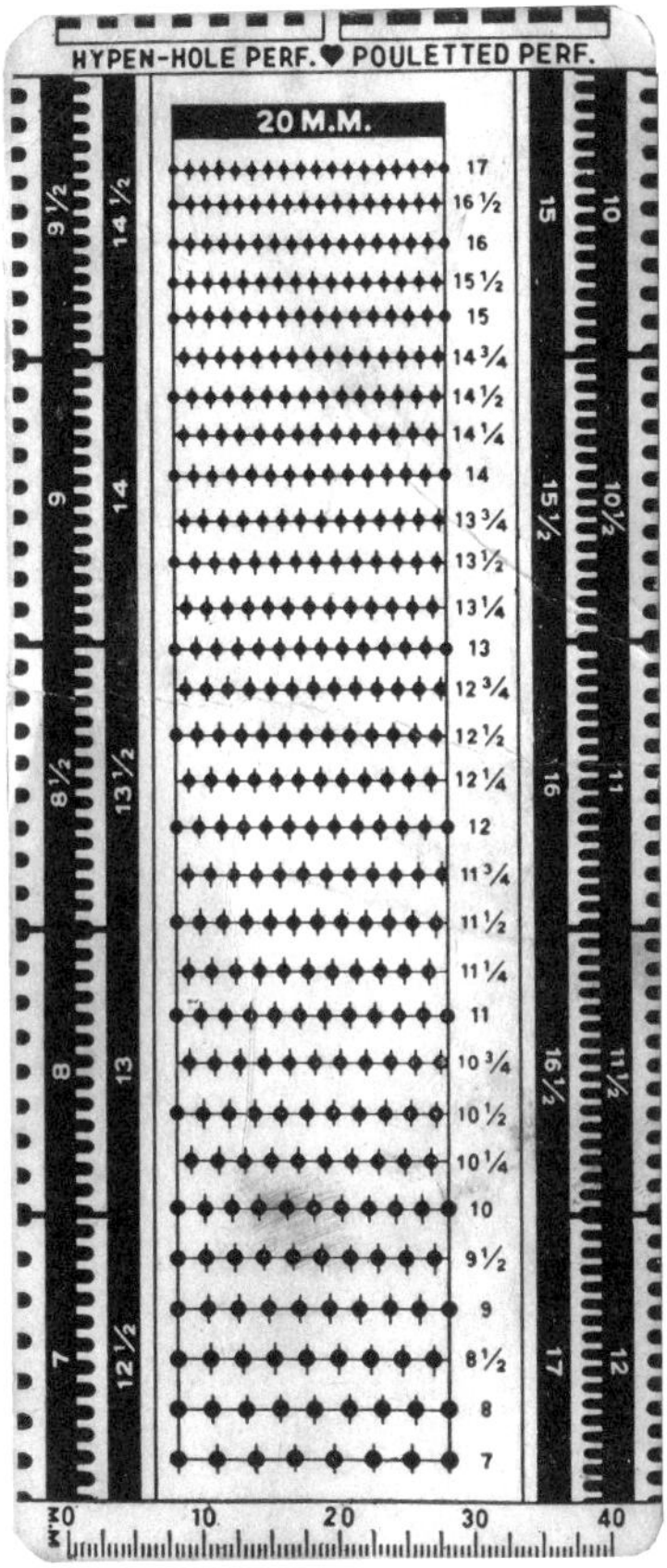

著者が半世紀にわたり愛用してきた目打ゲージ

後で記すように、さまざまな紆余曲折があったが、大体が13か13½で落ち着いている。もっとも目打は数だけではない。単線目打か、櫛型目打、さらにルレット目打かといった、目打機のあり方までを考慮に入れると、専門的にはさまざまなヴァリエーションを考慮しなければならない。

最初、切手には目打などなかった。

一八四〇年に「ペニー・ブラック」が製造されたとき、それには一枚一枚を隔てる連続した孔など空いておらず、使用する者は各自、思い思いに鋏で切り取らなければならなかった。だが一四年後の一八五四年、八枚目に発行された1ペニー切手からは、曲がりなりにも目打が施されることになる。事情は日本でも同様で、一八七一年の「龍切手」は無目打であったが、翌七二年には早くも同じ絵柄でもちゃんと目打が打たれたヴァージョンが発行されている。目打機などあるはずがなかった。当時の逓信省印刷局ではまだペロリとした一枚の紙の上に、縦にびっしりと針が並んだ櫛形の器具を当て、上から金槌で懸命に叩いて、少しずつ孔を穿っていた。もっとも使用されていたのは和紙である。孔を開ける作業は洋紙とは比較にならないほどに大変であったし、孔が充分に抜けきらないまま郵便局に届けられることもあったはずである。たとえ孔が開いたとしても、手でもって一枚一枚の切手を切り取ることがスムーズにできたかどうか。

目打とは人間でいうと、下着のようなものだ。

創世記によれば原初の人間、つまりアダムとイヴは全裸のまま暮らしていて、何ら恥じるところがなかった。だがその幸福な時はきわめて短く、ひとたび隠すべきところを隠すようになって以来、人間は下着なしでは生きられなくなってしまったのだ。目打も似たようなもので、シートに細やかに点を穿つ目打なるものをひとたび知ってしまったとき、切手はもはや紙一枚の世界に戻ることができなくなったのである。

記念切手であれば通常の場合、発行が一回限りであるため、目打にヴァリアントが出る可能性はまずない。だが長期にわたって印刷発行されてきた普通切手の場合、同じ額面で同じ絵柄の切手でも、途中で用紙や刷色、裏面の糊の有無、ウォーターマークの種類や目打の数が、次々

［上］文単位の無目打・龍切手（1871）
［下］銭単位の有目打・龍切手（1872）

と変更されていく場合が少なくない。なかでもとりわけ厄介なのが目打である。

いささか専門的な話になってしまうが、目打の分類の難しさを、明治時代に発行された「小判切手」を例にして説明することにしよう。「龍切手」、「桜切手」の後、一八七六年から九二年まで、なんと一六年間にわたって使用された普通切手のことで、イタリアから渡来した美術家、エドアルド・キヨッソーネの指導のもとに製作された、中央に小判に似た楕円のデザインがあることから、そう名付けられた、三〇枚ほどのシリーズである。

小判切手は一八七六年に製造が始まったとき目打は10が普通で、11、12、9s（sは小穴の意）、11s、ごく稀に12 1/2が存在していた。それが一八八〇年代に入ると11L（Lは大穴の意）

初期

中期

後期

小判切手は初期、中期、後期で目打が異なる
（『日本切手百科事典』日本郵趣協会より）

や8が出現し、八〇年代後半になると、10、10 1/2、また13から13 3/4、14までが出てきた。加えて12が復活してきた。だがこの12は初期の12と混同してはならない。用紙が刷新され、その厚さが変化するとともに、新型の目打機が採用されたからである。

本書は一般的な読み物なので、これ以上深く追求することは避けたいが、ひとたび目打の森に入り込んでしまうと、その内部は恐ろしく複雑であり、簡単に引き返すことができなくなってしまう。素人が軽い気持ちではとうてい探究できない世界である。そもそも二センチの間にギザギザが12あるか、12 1/2あるかなど、肉眼でどのように識別すればよいのだろうか。

日本の無目打切手

目打論の細かな論議はその筋の専門家に任せておこう。一般の蒐集家にとっては、切手の世界は大きく二種類の切手に分けられている。有目打か、無目打かということだ。無目打というのは読んで字のごとく、目打がないことである。あるべきところにあるべきものがないというのはひどく奇異に思われるものだが、先に引いたアダムとイヴの例を思い出していただきたい。無目打というのは、切手がその原点である無垢の状態に回帰しようとする、無意識的な意志の現われなのである。

無目打の切手はごく簡単にいうならば、主に三通りの理由から製造される。

ひとつは本来なら目打が打たれるべきであるのに、何かの理由から目打機が作動せず、シート丸ごと、エラーが生じてしまった場合である。

二番目は、これは記念切手の場合がほとんどであるが、蒐集家を愉しませる（あるいは散財させる）目的で、意図的に目打と無目打の二種類の切手を発行する場合である。無目打の小型シートのなかの切手をわざわざ鋏を使って切り離し、実際に郵便物に貼付して使用した場合も、これに含まれる。

三番目は、これもさまざまな事情によるのだが、切手製造に際して、目打をキチンと打つだけの技術的、経済的余裕が発行する側になく、やむをえず無目打切手の発行を強いられる場合である。

最初の場合についてはエラーであるので、ここでは論じないことにする。二番目と三番目の場合を考えてみたい。この二つは対照的なまでに違っている。蒐集家のために遊び心で製造された無目打切手は、驚きであり悦びである。だがやむをえず製造された無目打切手は社会の受難と混乱を想起させ、われわれを歴史の認識へと向かわせる。前者はときに小型シートをともなってごく少数が発行され、蒐集家にとってコレクターズ・アイテムとなるが、後者にはそのような華やかなところがない。それはしばしばカタログ制作者にとっても充分に把握されておらず、さまざまな変形が報告されているばかりだったりすることもある。まずこの場合について、少し書いておきたい。

日本の普通切手の歴史を振り返ってみると、二度にわたって目打が消滅したことがあった。

最初の時は一九二三年。関東大震災のおかげで東京の印刷局が破壊され、切手の製造ができなくなったときである。このときにはおまけに逓信省の倉庫も焼失してしまったので、既発行の切手の在庫もなくなってしまった。応急処置として大阪の、続いて復興した東京の民間印刷会社が暫定的に切手を製造した。5厘から20銭まで九種類。低額は桜と富士山、高額は太陽と蜻蛉の絵柄である。これを「震災切手」と呼ぶ。

無目打の震災切手(1923)

震災切手には糊も貼られていなければ、目打もなかった。ただガッター(切手と切手の間)に切り取り線が印刷されているだけである。郵便局によっては、便宜的にルレット(後述)を入れるところもあったようである。つい直前まで使用されていた、複雑な文様の絵柄の「田沢切手」に比べてみると、「震災切手」はいかにも簡素なデザインで、いかにも力が抜けていくような雰囲気である。ひとつには印刷が凸版から平版オフセットになったせいでもあるだろうが、切手の全体に勃興してゆく気持ちの張りというものが感じられない。瓦礫の山を前に疲れ果てた人々の嘆息が聞こえてくるような印象がある。もっとも東京の復興する速度には驚くべきものがあった。一九二四年三月下旬にはふたたび「田沢切手」と、外国郵便用の「富士鹿切手」が復活し、売れ残った「震災切手」は回収され焼却に附されたと伝えられる。図柄も頼りなさげであったが、薄明で終わった切手であった。

日本切手から二度目に目打が消滅するのは、太平洋戦争で敗色が決定的となった一九四五年三月である。日本の中国侵略が本格化した一九三七年から四〇年にかけて発行された普通切手を「第一次昭和切手」、一九四二年から四六年にかけてのものを「第二次昭和切手」、敗戦直前の一九四五年から四六年にかけてのものを「第三次昭和切手」と呼ぶのが一般的であるが、その第二次の終わりごろに乃木大将の2銭切手と、「敵国降伏」と大書した勅額の10銭切手に無目打が出た。もはやそれは日本が、切手に目打を打つだけの国力も喪失していたことを意味していた。

続く第三次昭和切手はすべてが無目打である。このシリーズは大部分が戦後の発行であるが、製造計画は戦中になされており、絵柄としては第一次を踏襲したり、それをより簡略化したものが多い。盾と桜花の3銭切手、厳島神社の30銭切手、靖国神社の1円切手といった、いかにも軍国主義を鼓舞する図柄の切手が、一九四五年八月の敗戦にもかかわらず、それ以後に新発売されていたのである。もちろん画面の上方には菊の紋章が掲げられ、「大日本帝国郵便」という文字が篆書で記されていた。

図柄から軍国主義色が一掃され、単に「日本郵便」と記した切手が製造されるようになったのは、一九四六年八月からである。この時期に発行された切手を「第一次新昭和切手」と呼ぶ。これもまたすべて無目打であった。日本切手がようやく目打を回復するのは、その次の「第二次新昭和切手」、一九四六年から四八年にかけてのシリーズにおいてである。

このあたりの時期は、占領軍によってある種の切手が「追放切手」に指定されたり、物価の高騰のせいで郵便料金が改訂されたり、なにかと騒然たる雰囲気が続いていた。切手の図柄と表記にも目まぐるしい変化があり、新切手が生まれては消えていくという状況があった。国力が充溢していた戦前の切手と比べるならば、図柄においても紙質や印刷水準においても、おそ

［上］第3次昭和切手・靖国神社の無目打（1946）
［下］第2次昭和切手・勅額の無目打（1945）

ろしく貧相な切手が続いている。もっともこの時期ほど、日本人が真剣に手紙を書き、互いの消息を確かめ合ったときはなかった。一枚の切手に託する気持ちには重く、真摯なところがあったはずである。

ここで一九四六年八月に「第一次新昭和切手」の先陣を切り、やがて「第二次新昭和切手」にも属するようになった、30銭の法隆寺五重塔の切手を取り上げてみよう。この切手のヴァリエーションの多さには、敗戦直後の日本の混乱を表象して余りあるものがある。なんとこの切手は目打と糊の有無、国名の右書き・左書きの違いから、ほぼ半年の間に少なくとも五回の変遷を体験し、つごう六種類が存在している。

ヴァリアントのなかでもっともユニークなものは、「ルレット目打」によるものだろう。いつまで経っても目打作業ができないでいる逓信省印刷局に代わって、一九四六年九月、民間のシール製造会社が作業を代行したことから生じた切手である。これは用紙に穿孔を施すのではなく、「ルレット」と呼ばれ、印刷と同時に破線状の切れ目を押し抜く方式であった。逓信省の面子丸つぶれの一枚であるが、その年の一〇月、ひと月も経たないうちに糊はないが目打はそれなりに施され

第一次〜第二次新昭和切手・法隆寺五重塔のヴァリエーション（1946）

た切手が発行されることになった。もっともこれも長くは続かず、一九四七年三月には五重塔切手はふたたび無目打に戻ってしまった。戦後の郵便行政は、こうした紆余曲折から開始されたのだ。

とはいうものの戦後の復興は早い。記念切手の分野では戦後ただちに小型シートが、次々と発売されている。いささか濫発気味という感じがしないわけではない。だがそのなかで、一度だけ、無目打切手が企画されたことがあった。一九四九年に横浜の野毛山と反町の公園一体で開催された「日本貿易博覧会」を記念して発行された、グラビアの5円切手のことである。

日本貿易博覧会記念の有目打と無目打（1949）

博覧会は大失敗に終わったが、興味深いのはここで有目打と無目打の二種類が発行されたという事実だ。無目打は一般の郵便局ではなく、博覧会の会場でのみ発売された。そのため会場では品薄になり、初日には発売制限がなされたと伝えられている。これを蒐集家を狙った役所の増収策だと批判することは間違ってはいないかもしれないが、わたしには日本の記念切手でただ一種類、最初から有目打と無目打を同時に発行した試みとして評価したいと思う。

その当時には、頻繁に無目打の小型シートが発行されてい

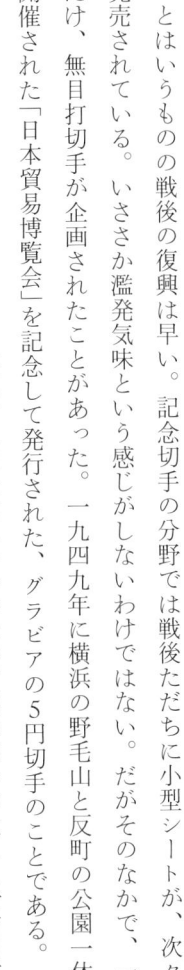

た。だから小型シートからわざわざ切手を切り取って郵便に使用すれば、なるほどそれは無目打切手を用いたエンタイアとなるかもしれない。しかしそれはあくまで小型シートの一枚を使用したものであって、独自の切手として企画され発行された無目打切手というわけではない。「日本貿易博覧会」の前後では、名にしおう「見返り美人」に始まり、「別府観光」から「長野平和博覧会」まで、数多くの記念切手・特殊切手が発行されているが、どれも無目打のものはない。おそらく発行側は「日本貿易博覧会」での二種類同時発行という実験を失敗と見なしたのであろう。それ以後、日本ではこうした無目打切手は発売されることがなくなった。このあたりが中国との大きな違いである。中国では一九五〇年代の終わりごろから特殊切手の多くを二通りに設《しつら》えており、無目打のそれは現在では信じがたいほどの高額で売買されているのだ。

わたしは「日本貿易博覧会」の無目打切手を手にしたとき、心躍るものを感じた。これはキュビスムの切手ではないか。ロケットを象《かたど》ったかのように見える図柄も抽象的で、ピンク単色のこの切手には多くの実験がなされていると知った。同時期に発行された記念切手・特殊切手が、菱川師宣の浮世絵を模したり、ボーイスカウトの制服を着たアメリカ人の少年を描いたりしているのに対し、断固としてそうした風潮を排し、戦前の前衛絵画を連想させる図柄を実現させていたからである。

無目打切手にはこうして二つの意味の含みが存在している。ひとつは社会の混乱と技術の不在である。だがもうひとつは、思いがけない悦びである。わたしには後者が、本来は無目打であった切手が、知らずと先祖帰りを果たそうとしている意志の現われに思えてならない。蒐集家が心ときめかすのは、思うにこの切手のなかの無意識的衝動ではないだろうか。

エラー切手の愚かしさ

色落ちのイギリス切手

人はなぜエラー切手に魅惑されるのだろうか。乱調のある書物は、たとえ稀な古書であっても歓迎されないし、疵物の宝石は安く買い叩かれる。なぜ切手だけが、その偶然の過誤を愛でられ、驚くべき売値のもとに市場で取引されるのだろうか。

イギリスのノンフィクションライター、サイモン・ガーフィールドは『間違いの世界』のなかで、サザビーズの切手部門の部長であったリチャード・アシュトンが体験した、興味深い挿話を書き留めている。

「一九六三年、アシュトンがまだ一〇歳代だったころの話である。彼はスタンリー・ギボンズ社のオークション会社、ハーマー・ルークで働いていた。あるときストランドの近く、アランデル通りにある事務所受付に、若い女性が神経を苛立たせて、飛び込んできた。郵便局で切手を一シート買ってきたんだけど、何だか切手が変なのよと彼女はいうと、鞄から切手を取り出し、リチャード・アシュトンに見せた。英連邦太平洋ケーブルCOMPACの開通を記念してイギリスが発行した切手で、発行枚数が九〇〇万枚ほどのものである。だが彼女の持参したシートでは、中央の二四枚の切手の刷色から黒が抜けており、「英連邦（COMMONWEALTH）」という文字と青い地球の上を廻っているはずのケーブルの線が消えていた。数分もたたないうちに

イギリス・COMPAC開通記念（1963）。右側の切手は黒が抜けているエラー

スタンリー・ギボンズ本社から年配の買い付け係が駆け付け、彼女と交渉をした。『いくらだったか？　よく憶えてませんが』と、アシュトンはいった。『その女の人が気絶してしまったので、わたしが抱き上げてあげたことだけは、よく憶えてますよ。』ギボンズ社は大きなショウウィンドウに問題のシートを展示し、後で六〇〇ポンドで売った。二〇〇六年には、二四枚の切手のうちの一枚が、オークションで三〇〇〇ポンドを越す金額で競り落とされた。」

　インターネットで、問題となった切手を調べてみた。なるほど左側には、紐で縛ったローストチキンのような球体に、斜めに白い棒が掛かっているだけ。右側にはいつものようにエリザベス女王がいて、CABLEという文字だけはくっきり見えるのだが、これればかりだと何のことだかわからない。青と黒の二色刷りのはずだったのが、黒が抜けてしまったせいで、画面の意味がすっかり崩壊してしまっている。心なしか、女王の顔さえ間が抜けて見えるような気がする。

その直後の『スコット』に当たってみると、なるほどBlack. omittedとエラーの存在が報告されている。市場価格は、正常なものの八〇〇倍近い額になっている。エラー発見から半世紀が経過し、鰻登りに上昇していったのだろう。その事実には驚嘆を禁じえないが、それにもましてエラー切手が発見されて数分のうちに、ギボンズ本社から人が飛んできて、何も知らない女性と売買の交渉を開始したという話にも驚かされる。このあたりの地理は何となくわからなくもない。交渉係はストランドにある本社から一直線に五〇〇メートルほどを走り、いくつ目かの通りをテームズ河の方へ曲がって、事務所に駆け込んだのだろう。このような事態に備え、いかにもいつでも待機しているという感じがして、さすがに世界一老舗の切手商だという気がする。

図柄における誤認

エラー切手というのは、一枚の切手が発行を企画され製造がなされている途上で何か不都合が起きてしまい、それが現実に切手に、ある疵として現われてしまった場合を指している。もちろん広い意味でエラーというときには、そもそも切手の図案制作者が主題について誤った認

図案制作時のミスとして有名な北陸トンネル開通記念(1962)

識を抱いていたり、時代考証が不正確であったりした場合を含んでいる。

図案制作時におけるミスとして有名なのは、一九六二年に「北陸トンネル開通」を記念して日本が発行した10円切手である。トンネルから特急列車が姿を現わした瞬間を描いた図柄なのだが、架線の形態からトンネル内部の灯りの位置、レールのあり方、通信線の位置、列車における乗降口の不在と、細部にわたって実物とはまったく違う図柄となっていたので、大問題となった。郵政省がどこのトンネルともつかぬ図像を用い、現物とキチンと照合することなく図案にゴーサインを出してしまったのが原因である。これは当時メディアでもさんざん話題になった。切手は国家が発行する有価証券なのだから、誤認に気付いた時点で発行を遅らせ、刷り直すべきではなかったかという声があがったほどである。しかし郵政省は結局すべてをウヤムヤにしてしまい、切手の回収や新デザインによる再発行はなかった。

「北陸トンネル」の場合には、よほどの鉄道マニアでないかぎり、映像のズサンさに気を留める人はそれほど多くはないかもしれない。だが事が政治の微妙な側面に触れるエラーとなると、冗談ではすまなくなる。この手のエラー切手の場合には、発見されるや発行が突然に中止されたり、大慌てで回収処分がなされるといった事態が少なくない。一九六七年に「日米琉合同記念植樹祭」を記念して、アメリカ統治下の沖縄で記念切手が製造された。だが、わずかな距離ではあったが、日章旗が星条旗より上位に置かれているというので、アメリカ側が激怒し、ただちに発行が見合わせられることになった。わたしには統治者のプライドというものは、かくも脆弱で愚かなものかという感想しかない。

だが中国にはもっと大規模で、とうてい笑ってすますことのできない大エラー切手が存在する。「文革切手は赤一色」の章でも簡単に触れておいたが、文化大革命の最中に、地政学的にけっして表象してはいけない図柄を、うっかりミスで切手に採用してしまったのだ〔008参照〕。

一九六八年一一月、「全国の山河がいっせいに赤く染まった」という標語に基づく大型切手が発行された。前景には『毛沢東語録』を高く掲げる労働者。かたわらに軍人、無数の赤い民衆。背後には当然、真っ赤に染め上げられた中国全土の地図……という図柄であったが、これがどうした間違いか、切手が発行されたとき、台湾の部分だけが白く残されていたことが判明した。読みようによっては、台湾は中国ではないというメッセージだと受け取られてしまう可能性がなくもない。共産党政権はただちに全国の郵便局から切手を回収し、裁断した。それでもこうした非常時に遺漏はつきものである。ごく少数が流出し、今では天文学的な売値を付けられている。

印刷時のエラー

図柄における認識ミスについてはここまでにしておこう。細かくいえば、似たような例はいくらでも転がっているからだ。以下ではむしろ、印刷製造過程において生じたエラーについて書いておきたい。

一枚の切手を印刷するのに、それが単色であれば一度しか印刷機を用いない。だが複数の色彩が使用されていたり、装飾的な外枠は凸版だが内側の図柄は凹版といった場合には、二度三度と印刷を重ね刷りすることになる。こうした場合、往々にしてエラーが生じることになる。

もう少し具体的に書くと、逆刷り、つまり重ね刷りの図柄が上下逆に刷られている場合。切手蒐集の世界でもっとも有名なものは、一九一八年にアメリカが発行した、24セントの航空切手だろう。アメリカで最初の航空便専用切手だというので、当時花形であったプロペラ機を図柄に採用したところまではよかったが、これが上下逆さまになって飛行している切手が相当数、発売されてしまった。これは「逆さまジェニー」という綽名が付いていて、切手入門書でかならず触れられている切手である。

どうやら重ね刷りの場合にはこうしたエラーは避けられないようだ。日本でも「龍切手」が発行されてまもなく、「五百文切手」に逆刷りが出ている。わたしが

図柄が上下逆さまに印刷されたアメリカの「逆さまジェニー」(1918)

個人的に見たことのあるものでは、香港の切手商の品目に、中華民国が一九四一年に発行した2圓切手の珍品があった。中央の孫文がみごとに転倒していた。革命家の威厳も何もあったものではないという、気の毒な気持ちがした。

逆刷りにはいくつかのヴァリエーションがある。そもそもなされるべき重ね刷りがなされず、切手の中央や上部にぽっかりと空白が生じている場合。本来なされるべき重ね刷りとは別のものが重ね刷りされてしまった場合。重ね刷りそのものが二回続けてなされてしまい、図柄が何のことだか識別不可能になってしまった場合。

図柄が上下逆さまに印刷された中華民国・孫文の普通切手（1941）

色彩のエラーにも二つのタイプが存在している。ひとつは印刷インクの調合を間違えてしまったため、本来の色とは違った色で刷られてしまった場合。もうひとつはある色だけが抜け落ちてしまった場合である。先に述べたイギリス切手がその典型であった。かつてのように大部分の切手が単色であったころには、この手のエラーは起こりようがなかった。今日のように多重印刷が当たり前となり、印刷の全工程をコンピュータが仕切るようになってから逆に色彩エラーが頻出するようになったのは、皮肉な現象といえなくもない。

用紙の間違い。糊の貼り間違い、あるいは付け落し。ウォーターマークの脱落や上下逆さまの間違い。エラーの原因は数えだしてみれば枚挙に暇がないが、こうしたエラーは肉眼で見てただちに発見できるものではなく、見過ごされてしまうことが多い。インクの過剰から来る不鮮明な図柄と、逆に欠乏から来る、ほとんど見えない図柄。画面の汚れ。シート裁断時におけるミス。こうしたエラーはなるほど容易に識別できるが、エラー切手としてそれほどに蒐集家の興味を引かない。

それに比べて一目でエラーだと識別され、たちまち話題を呼んでオークションの対象となるのは、目打の打ち間違いである。これも孔が充分に抜けていないといった段階から、縦筋、横筋の打ち方のズレまで、細かくいい出せばキリがない。ただ素人目にも明確にわかるのは、無目打である。本来が目打つきで発行されるべき切手が、目打を打たれないままになぜか厳しいチェックを潜り抜け、郵便局の窓口で問題になってしまうという事態が、ときおり生じている。もっとも蒐集する場合には、かならずペアかブロック、もし可能であればシートで所蔵していないと意味がない。目打のある切手の両端を切り落とし、いかにも無目打でございといった顔をしている偽物が、いたるところに徘徊しているからである。

偶然の戯れ

しかし、ここまでエラーのさまざまを羅列してきたわたしが、ある種の虚しさを感じていることを書き添えておきたい。エラー切手は発見されるやたちまち大騒ぎになり、オークションで高値がつくと話題騒然となるものだが、わたしにはどうしても積極的に食指を動かす気になれないからである。高くて手が出ないからだといわれればそれまでであるが、たとえ何かの偶然からそれが入手できたとしても、自分のアルバムのどこに落ち着いた場所を探し出してやればよいのか、見当がつかないからだ。ちょっと人聞きの悪いいい方をするならば、ことのほかエラーを珍重する蒐集家には、わざわざ肢体に異常のある子供を見つけ出してきて、サーカスの見世物に仕立て上げるような、冷酷にして倒錯的な心理が働いているような気がしてならない。なるほど自分がこれまで長く親しんできた切手に、思いがけずエラーのヴァリエーションが発見されたので、正常なものと並べてじっともの思いに耽るというのなら、理屈がわからなくもない。本来の切手への思いやりがある分だけ、規範からの逸脱が面白く見えてくることは間違いないからだ。だがいきなり稀少価値のあるエラー切手だけを突きつけられたとしても、わたしは感動するわけにはいかないだろう。あらゆる切手の背後には発行者である国家や共同体の意志というものが感じられるのだが、ことエラー切手に関するかぎり、それを認めることができないからだ。それはどこまでもlusus naturae自然の戯れ、つまり畸形であって、可哀そうに、運が悪かったんだなあと、話しかけてやることくらいしか、わたしはできない。ましてやそれを自慢して人前に晒したりする気には、とてもなれない。エラー切手に情熱を燃やし、大枚をはたいてそれを入手しようとする蒐集家が存在しているとしたら、その人物は稀少さに魅惑されているのであって、とても切手そのものに心揺るがしているようには思われないのである。

わたしが小学生だったころ、切手蒐集家たちの間で話題となった事件があった。どこかの地方都市に住む小学生が色落ちのエラーのある切手を発見し、それが発行されたばかりの記念切手だったので、評判となった。しばらくして彼はまたしても別の記念切手に色落ちエラーを発見した。蒐集家の間では、この少年のことを「天才」だと呼ぶ者もいれば、単にビギナーズ・ラックが続いただけだよと、冷笑的に見る向きもあった。彼が三枚目の色落ちカラーを発見したと告知したときには、さすがに誰もがこれは怪しいと思った。問い詰められた少年は、あるとき偶然だが、手持ちの切手にベンジンがかかってしまった。すると嘘のように印刷されたインクが溶けて消えてしまったので、面白くなってつい偽物のエラー切手を拵えてしまったのだと告白した。

オークションに出して高値を得るといった段階にまでは達していなかったので、別段に犯罪として告発されることはなかったが、この事件はわたしに強い不快感を与えた。とはいえ何ごとも自分で確かめてみないと気がすまない性分である。わたしはただちにペンキ塗りに使うためのベンジンを納屋から取り出してきて、何枚かの切手にそっと塗り付けてみた。複雑なグラビア印刷がスルスルと消えてしまい、後には空白だけが残った。なんだ、簡単なことだったんだと、わたしは思った。それから名状しがたい後悔に捕えられた。反古になった切手をどうすればいいのだろう。ゴミ箱に捨てるしかないのだろうか。わたしは何かとんでもない罪を犯してしまったかのような気になり、しばらく勉強机の上に犠牲者の切手を置いたまま、何もできずにいた。

加刷の政治学

植民地の解放

エラー切手はわたしの気を引かない。偶然の産物にすぎないからだ。それに比べて加刷切手はわたしを魅惑してやまない。その意味を探究してみたいという気持ちに駆られるからである。

加刷とは、すでに発行されている切手の上に新しくメッセージを刷り重ねることだ。大概は緊急の場合で、わざわざ新しい切手を企画し、ゼロから印刷する時間的余裕がない場合が多い。加えられるのは新しい国家の名前であったり、インフレで値上げに値上げを余儀なくされた郵便料金であったり、さまざまである。それまでの独裁者の顔を大きく塗り潰したり、独立や解放といった文字を大書することもある。本書の前の方で日本の軍事切手について言及したが、ここではより一般的に加刷切手について書いておこう。

加刷は切手に加えられた暴力であり、当然のことながら図案の美しさは損なわれてしまう。けれどもそうしてまでもいち早くこのメッセージだけは伝えておきたいのだという早急な思いが、そこからは立ち上ってくる。蝶や子猫の切手がかわいいなといった次元の切手ファンには、それが理解できない。だが切手蒐集が単なる図柄の美しさの域を越えて次の段階に進むとき、加刷切手の面白さがおのずと前景化されてくる。

今わたしの机の上には、四枚の切手が並べられている［023参照］。6銭の「産業戦士」。14銭の「春日大社」。27銭の「靖国神社」。40銭の「鵞鑾鼻灯台《オーランピ》」。いずれもが一九四〇年代前半に日本で販売されていた普通切手である。戦時下の発行であるから、航空機を背に凛々しい顔立ちの産業戦士や靖国神社、植民地台湾の最南端の風景といったふうに、軍国主義を鼓舞する題材が率先して図柄に選ばれている。だがそれだけだったら、どこにでもある昭和切手の使用済みにすぎないだろう。

実はこの四枚には大きくハングルで「朝鮮郵票」と黒く加刷され、新しい額面が記されているのだ。わたしはこれを、ソウルに住んでいたとき、明洞《ミョンドン》の切手屋で見つけた。店の主人は、これに5銭の「東郷平八郎」と17銭の「靖国神社」が付いて完全セットとなると、ぐっと高くなるのだけどなあといった。同じ「靖国神社」でも、赤い27銭と灰紫の17銭では、相当に価値が違うらしい。彼は日本人のわたしがこの四枚を求めるのを、不思議そうな顔で見ていた。

一九四五年八月、大日本帝国が敗戦すると、それまで植民地であった地域は相次いで「光復」を口にし、解放を叫んだ。朝鮮半島も日本人の軛《くびき》から脱したが、南半分がアメリカの、北半分がソ連の軍政下におかれてしまった。何もかもが混沌としており、新しい切手を発行するには印刷準備が整っていない。そこで暫定的に倉庫に残っていた日本切手の上に、祖国の解放を大きく告げる文字を加刷し、郵便の用に役立てた。わたしの所蔵する切手は一九四六年二月、大急ぎで作成された六枚のうちの四枚である。他にも「明治神宮」の8銭、「富士と桜」の20銭、「金閣寺」の50銭、「鎌倉の大仏」の1圓に加刷が施されたが、発行されないままに終わった。どうやら京和印刷所という民間会社が、朝鮮半島全土の地図や新羅の王冠、槿《むくげ》の花、李舜臣《イスンシン》将軍といった民族主義的な図柄の切手を製造することになり、それが完成した時点で必要がなくなったのである。

一九四八年までの朝鮮半島は、国家として南北に分断されていなかった。大韓民国も朝鮮民主主義人民共和国（北朝鮮）も、まだ成立していなかった。そこで国号としては「朝鮮」が用いられている。半島の南半分が「韓国」を自称しだしたのは一九四八年の分離独立からであり、切手にもそれが如実に表われている。それ以降は「大韓民国郵票」とハングルで記されるようになるのだ。

一九四六年五月、米軍政下で発行された「解放記念」の平版オフセット六種では、子供を抱いた若い母親のかたわらで、父親が太極旗を掲げている〔024参照〕。上方には「解放朝鮮」という文字が見える。ちなみに少し脱線をすると、翌年の同じ月に日本も「日本国憲法施行記念」の切手を発行しているが、その50銭切手も、子供を抱いている若い母親だ〔025参照〕。もっとも日本の切手製作者は戦前からの慣例を改めることを思いつかず、天皇を示す菊の紋章が切手の一番上に掲げられている。だが日の丸はない。

ここで日の丸の表象について述べておくと、日本の国旗が切手に登場するのは、一九五一年に「サンフランシスコ平和条約」が調印されたことを記念して発行された8円切手からである。これは三枚組である。だがここでも同時に出た二枚の切手には、何としたことか、天皇家を示す菊が描かれている。大日本帝国時代からの天皇の記号的呪縛は、戦後になってもいっこうに解けていないのだ。

［左］認印が押捺されたマラヤ海峡植民地切手
［右］沖縄宮古地区で発行された認印押捺切手

台湾の加刷切手

それでは大日本帝国の軍隊が東南アジアを侵略し占領した際には、どのような加刷切手が発行されたのだろうか。最初のうちは、現地切手に認印《みとめいん》を押捺しただけものが、堂々と占領下の切手として使用された。マラヤのケランタンでは現地のスルタンを描いた切手に、ペナンではイギリスのジョージ六世の切手に、無造作に「内堀」や「奥川」といった印のあるものが切手として認められた。やがて占領が長引くにつれて、ぽつりぽつりとカタカナ表記の新切手が発行されるようになった。この「認印押捺切手」は、敗戦直後の沖縄本島や奄美大島、宮古島、石垣島でも発行されている。印は郵政関係の最高責任者の捺印である。これは世界でもっとも単純な加刷切手といえるかもしれない。日本において特殊な社会現象として発達した認印という制度が、はからずも切手に適用されたのである。

ところでここにもうひとつ、興味深い一連の切手が存在している。一九四五年に台湾で製造された「台湾地方切手」である。これは数字だけの簡素な図柄のものが、3銭から1圓まで七種類。他に藤原鎌足と梅花模様を描いた5圓、10圓の高額切手が二種類。合計して、九種類が発行されている。後者の二枚は第一次昭和切手の5圓、10圓と同じ図柄、同じ色彩であるが、凹版ではなく平版オフセットであり、灰白紙に目打・糊なしというところが違っている。これらの切手の製造に関しては、敗戦直前の日本の「本土」と台湾との間の危機的な状況を理解していないと、事情がわからない。

一九四五年四月には沖縄で壮絶な戦闘が行なわれていたこともあり、台湾と本土との連絡はほとんど中断されていた。台湾では日本切手が払底しており、すでにはがきを自製するまでになっていた。そこへ東京の本省から連絡が到着し、台湾で独自の日本切手を製造してもよろしいという話になった。台湾側はただちに準備に入った。八月一五日、この島は日本の植民地支配から解放されたが、その時点ではすでに数字切手は印刷が終了していた。ほどなくして二枚の高額切手も印刷が終わった。

台湾では一〇月までは植民地の最高機関である台湾総督府が諸政を担当していた。したがって3銭、5銭、10銭の三枚の切手だけは、予定通りに発行された。もっともそれはわずか数日から二週間ほどのことである。国民党の軍隊が本格的に台湾に上陸し、中華民国が郵政を接収すると、日本切手の発売は停止された。これが一一月三日。新しい為政者は九種類の切手に「中華民国　臺灣省」と加刷したものを、翌日から発行した。額面には変わりはない。おそらく日本円がしばらくは通用したのであろう。

わたしが所蔵しているのは、この加刷された九枚の未使用切手である［026参照］。これはその気になれば台北の切手屋でいくらでも転がっているもので、わざわざ自慢するほどのものではない。問題は加刷される以前の切手だ。発売期間が極端に短く、売れ残ったものはすべて一律に加刷されてしまったのだから、きわめて稀少価値がある。これは残念ながら、わたしの手の届くようなものではない。侯孝賢《ホウシャオシェン》の『悲情城市』では、祖国の敗戦を知った日本人が次々と台湾を離れ、逆に国民党の兵士たちがこの小さな島に上陸して台湾人虐殺を行なうさまが描かれているが、あのフィルムに登場していた人たちは、こうした加刷切手を用いてはがきや封書を認《したた》めていたのだろう。

沖縄のドル切換え

加刷は物価の急速な高騰による郵便料金の値上げといったときを別にすれば、ほとんどの場合、政治的、軍事的事件に左右されて生じる。この稿を書いていて改めて気付いたのは、「龍切手」以来綿々と続いてきた日本の切手には、歴史的にいって加刷が行なわれた場合がほとんどないという事実である。これは世界的にもきわめて稀有なことではないだろうか。

中国、とりわけ華北や東北部では、日本軍の侵略ばかりではない。国民党軍と八路軍の熾烈な内戦があったおかげで、加刷切手が驚くほどに発行されている。その分類は煩雑を極めていて、ぶ厚い研究書が何冊も刊行されているほどだ。ナチス・ドイツが占領し、パルチザンが奪回したヨーロッパ各地においても、英仏植民地主義が跳梁した中東においても、夥しい数の加刷切手が生まれている。ところが日本の場合には、わずかに三つの場合を除けば、本来的に加刷切手が存在していない。例外とは日露戦争以降の軍事郵便に用いられた「軍事切手」、京城や南満州といった場所で在留邦人のために発行された「在外国局切手」、そして第二次大戦後、長きにわたって米軍統治下に置かれた沖縄で発行された「沖縄切手」である。

沖縄では一九四八年から一九七二年の「本土復帰」までの間に、「琉球郵便」と記した切手が

023

024

025

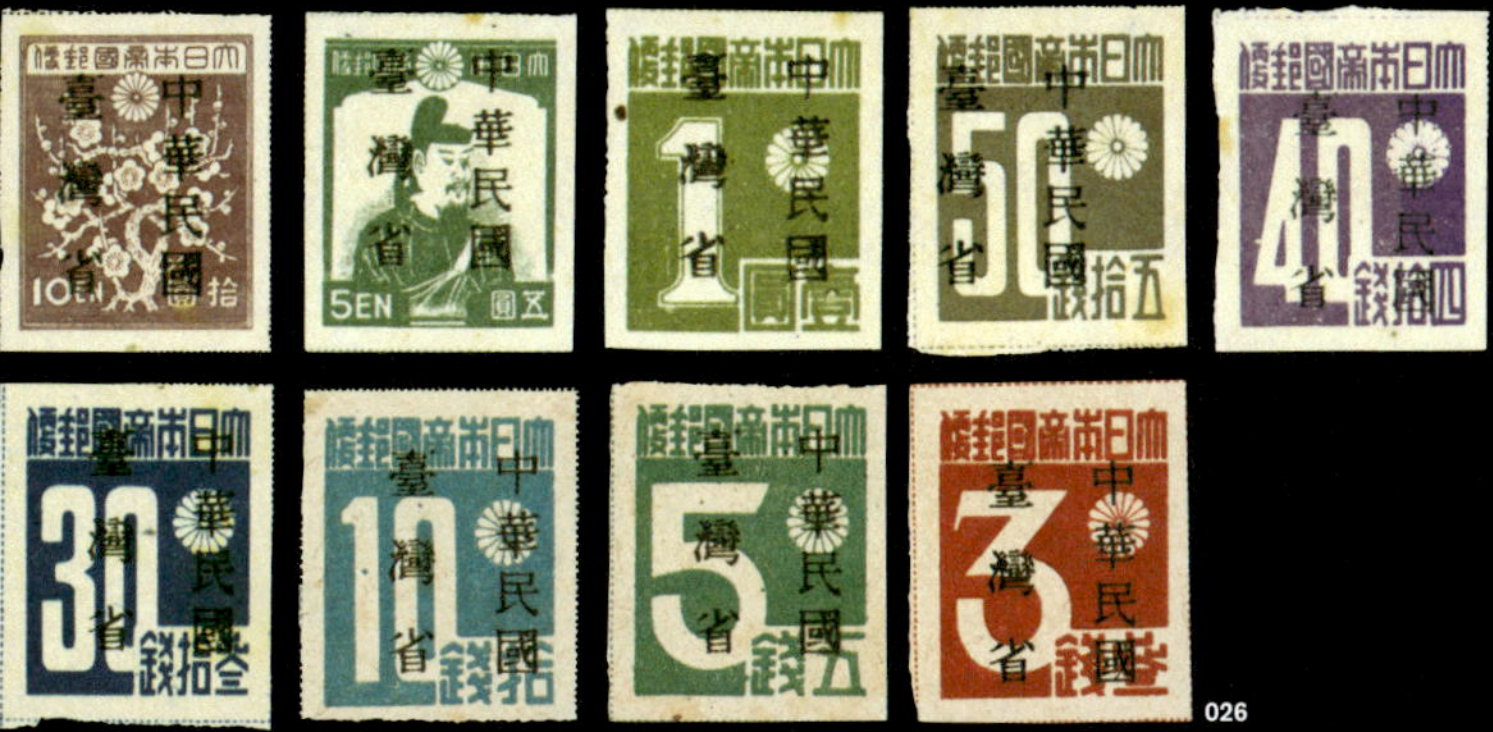

026

［加刷の政治学］

023 解放直後の朝鮮で、日本切手に「朝鮮郵票」と加刷された切手（1946）
024 米軍統治下の朝鮮南部で発行された解放記念(1946)
025 日本国憲法施行記念（1947）
026 台湾地方切手に加刷した中華民国切手（1945）
027 米貨単位に改訂加刷された沖縄の天女航空切手（1959）
028 米貨単位に改訂加刷された沖縄の普通切手（1959）
029 マドリードの英雄的防衛2周年記念（1938）

027

029

028

［女王の肖像］
030 ヴェトナム国が発行したバオダイ王
(1951)
031 ナムフォン妃(1952)
032 バオロン皇太子(1954)
033 南ヴェトナム政府が発行したンゴ
ジンジェム大統領(1956)
034 寄付金付きナムフォン妃(1952)
035 日本赤十字社創立75年記念
(1952)

［国家の名刺］
036 加刷されたヒジャーズ王国切手
(1925)
037 イラン・パフラヴィー王朝時代の
郵便税切手

030

031

032

033

034

035

036

037

二二八種類発行されている。日本郵趣協会が毎年発行している『さくら日本切手カタログ』では、しばらく前から「沖縄切手」についての記載をあっさり削ってしまった。『スコット』では「沖縄切手」はRyukyu Islandsと呼ばれ、Rwanda とSaarの間に置かれている。このことからも「沖縄切手」がいかに周縁的な位置に置かれているかがよくわかる。日本から見捨てられてしまった切手なのだ。

「沖縄切手」の額面は、始めはB円という独自の通貨に基づいていた。それが一九五八年に突然、アメリカのドルに切り替えられた。この時には円とドルの記号を組み合わせた背景に数字だけを記した、いかにも暫定的な普通切手が一二種類発行された。これまで日本の大蔵省印刷局に製造を委託していた典雅なグラビアではなく、沖縄の民間印刷所による単色の凸版である。

さすがにこれではお粗末すぎると当局も考えたのか、翌五九年には沖縄独自の昆虫や海洋生物を描いた普通切手が五種、発行されている。もっともB円切手が大量にストックされていたのだろう。一九五九年から六〇年にかけて、使用できなくなったB円切手にドル表記を加刷した航空切手五種〔027参照〕と普通切手五種〔028参照〕が発行された。

廃物利用といえば聞こえが悪いが、この一〇枚の切手は、眺めていてどうにも複雑な気持ちになる。民芸品や琉球舞踊の絵柄の切手に大きく14¢や35¢といったドル建ての通貨の表示が、それを圧迫するかのように加えられていると、沖縄人が戦後に受けてきた受難と屈辱とが自然と想像されてくる。そのときに思い出されるのは、日本切手には本来的に加刷切手が存在していなかったという事実である。

日本人は内地で郵便を出しているかぎり、一度も加刷切手を手にすることがなかった。敗戦後の七年間にわたる連合国の占領期においても、日本切手に加刷がなされるということはなかった。このことは逆に、朝鮮と南満州では日本切手に加刷がなされ、本土から切り離された沖縄では、琉球切手にアメリカ通貨に基づいた加刷がなされたという事実と同時に考えてみなければならない。朝鮮、台湾、沖縄に比べ、戦後の日本はなんと能天気に暮らしていたことだろう！

マドリード激励の加刷切手

日本とその近傍について、少し長く書きすぎてしまったかもしれない。最後に一点、スペイン内乱にちなむ切手を取り上げておきたい。一九三八年一一月七日、「マドリードの英雄的防衛二周年」を記念する五枚組の切手である〔029参照〕。

スペイン共和国がフランコ将軍による叛乱で二分され、一九三六年から悲惨な内戦の舞台となったことはよく知られている。時間が経過するにつれて共和国側はしだいに不利となってゆき、マドリードからバレンシアへ、さらにバルセロナへと首都を移して、フランコの軍勢と戦った。マドリードは周囲を包囲されながらもソ連からの武器支援に助けられ、しぶとくもちこたえた。とはいえバルセルナからは分断されてしまい、一九三八年にはエブロ河で三ヵ月続いた戦闘にも敗れ、一一月一六日にはついに潰走を余儀なくされた。

この切手は本来が四月一五日に、マドリード防衛のために寄付金付き切手として発行されたものである。描かれているのはマドリードの全景であり、前景では兵士たちが城壁の前に塹壕を掘り、銃を構えて応戦している。加刷は一枚の切手になされたものと、四枚のブロックに跨ってなされたものの、二種類がある。額面を見てみると、45センティモスの額面に2ペセタという、異常なまでに不均衡な寄付金が付与されている。このことからも共和国政府の財政的窮乏ぶりが想像できる。

もっとも想像するに、この切手は大量に売れ残ってしまったのではないだろうか。そこで政府はもう一度一一月七日にマドリードを支援する目的で、加刷切手を発行したのではないかと、わたしは推測している。だが一体この切手はどこで発行されたのだろうか。マドリードなのか、バルセロナなのか。また実際にそれを封筒に貼って投函した人々は、どこからどこへ郵便を出していたのだろうか。わたしはぜひともこの切手を貼付したエンタイアを見てみたいと思う。

ともあれこの加刷切手が発行されて九日後、フランコ軍の勝利は決定的なものとなった。もうその時期には、共和国政府側に切手発行はない。記録では一一月に武器を描いた九枚の新切手が発売されたというが、これは海外の蒐集家向けのものであったらしく、不詳である。ここに掲げたマドリード激励切手が、事実上、最後の切手発行となった。少し大げさに考えすぎといわれるかもしれないが、軍事政権下でこの切手を所蔵していることが発覚すると、ひょっとして危険な目に合う可能性があったかもしれない。これは別の話であるが、わたしが一九七〇年代の軍事政権下の韓国に滞在していたとき、北朝鮮発行の切手を所蔵していると、反共法違反で連行される危険があった。

スペインに戻ると、翌一九三九年一月にはバルセロナが陥落。三月には最後まで徹底抗戦をしていたマドリードまでも陥落し、四月にはフランコがファシスト側の勝利を宣言した。フランコ将軍はただちに、みずからの横顔を描いた一二枚の普通切手を発行した。将軍の普通切手はその後も図柄を変えて続き、一九七六年にカルロス国王のそれに切り替わるまで、延々と使用された。

一九三〇年代から四〇年代にかけては、世界中のあちこちで驚くほどの加刷切手が発行された。中国で、ヨーロッパで、東南アジアで、軍事侵略と内戦、民族対立と国境紛争が絶えず、そのまま冷戦体制へと突入してしまったからである。切手研究家はその分類と評価に、いくら時間があっても足りない。とはいえ、結局のところ、外国人研究家がなしうる研究の範囲は限られている。加刷切手の意味を真に理解できるのは、それが発行されたときにその場に居合わせていた者たちの末裔だけだろうという気持ちが、わたしのなかにはある。

とはいえこのマドリード加刷切手は、わたしに特別に悲痛な気持ちを抱かせる。この切手に関わったはずの多くの人が、その数ヵ月後には虐殺され、現在に到るまで歴史から忘れ去られたままになっているからである。

わたしはこの切手をマドリードの切手商から買った。主人はひどく年配で、わたしが切手を差し出すと、「ほう、あんた、これを買うのかね」といった、一瞬複雑な顔を見せた。一枚の切手を乏しい資金のなかで、さんざん迷ったあげくに買おうと決意するのはこのようなときだ。わたしには彼の表情そのものが、この加刷切手に改めて加刷されたもののように感じられた。

女王の肖像

サイゴンのストックブック

初めてヴェトナムを訪れたのは一九九〇年代初頭だった。

アメリカ軍が撤退し、南北が統一されてすでに短くない歳月が流れていたが、都市の名前をめぐってはまだ若干の混乱があった。わたしが到着したのはホーチミン空港であり、ホテルのチェックインはすべてホーチミンの名前にもとに行なわれた。だが鉄道駅はサイゴン駅であり、ホテルのすぐ側を流れる河はサイゴン河だった。わたしは毎朝、ホテルでクロワッサンの朝食をとり、みごとな煉瓦造りのサイゴン大聖堂を眺めながら、街歩きを始めるのだった。郵便局も、博物館も、個人の豪邸の門飾りも、蔓草模様のアールヌーヴォ様式だった。もっとも豪邸はすっかり朽ち果てていて、何世帯もの人々が好き勝手に建て増しをしたために、建物本来の輪郭を辿ることはできなかった。

わたしは土産物屋で、一冊のストックブックを買った。一頁に一五枚ずつ、一〇頁にわたって規則正しく切手が並んでいる。全部で一五〇枚。一九五一年から七五年までの間にサイゴンで発行された切手のおよそ1/3が、郵便税切手も含めてそこには収められていた。時期でいうならば、それは対フランス植民地解放戦争の途中から、アメリカ軍の完全撤退に相応している。最初の一頁だけは統一ヴェトナムであるが、それ以降は南北が分断されてしまったため、南ヴェトナム政府発行の切手だけが並んでいた。

最初の頁は、一九五一年に発行された普通切手だった。ダラットの大滝、フエの王宮、サイゴンの寺院といった、著名な風景建築を描いたものと、阮《グエン》王朝最後の王であったバオダイ（保大）王の思慮深い肖像もの［030参照］が半々。ともに単色のグラビアである。次に一九五二年の、ナムフォン（南芳）妃の肖像切手が三枚［031参照］。これは多色グラビア。バオロン（保隆）皇太子を描いた凹版切手が三枚［032参照］。これは一九五四年発行である。

もっとも王家の肖像切手はこれをもって途絶してしまう。一九五五年にはンゴ・ジンジェムがバオダイ王に廃位を要求し、失意の王はパリに亡命してしまうからだ。ストックブックにはこの成り上がりの大統領を描いた、新しい普通切手が並んでいる［033参照］。奇妙なことにこの新シリーズのなかで、ンゴ大統領はバオダイ王に倣って同じような背広にネクタイをし、同じように思慮深い表情をしている。一三代にわたって続いた王家の伝統を、野心家として真似てみたかったのだろう。

ナムフォン妃の切手には記憶があった。小学生のころに偶然その一枚、50セントのものを所蔵していたからである。フランス風の黄金色の帽子を被り、青いドレスにダイヤを散りばめた首飾りをつけた、優雅にして美しい女性。わたしがこの切手を手にしたのはジョンソンによる北爆が開始されてほどないころで、ヴェトナム戦争をめぐる報道が始まったころだった。わたしはこの国について何も知らず、切手に描かれている人物についても知識をもっていなかった。ただわずかに視線を横に向け、聡明そうであるがどこか悲し気な雰囲気をしたこの女性に、何か儚げな印象をもっただけだった。もっともその儚げな印象のせいだろうか、愚かなことにわたしはこの切手をどこかで失くしてしまっていた。ストックブックのおかげで、思いがけない再会をしたという次第である。

お気に入りの切手を喪失したことの後悔は、切手を集めている者にしか理解できない。たとえ蒐集家であっても、それはけっして他人には納得してもらえない悲しみである。わたしは王妃の切手との再会をうれしく思った。だがそれ以上にわたしを幸福にさせたのは、一枚だけの単発切手だと思い込んでいた切手に、同じ図柄で30セントとIピアスター50セントと、額面の違うものが二種存在していたと知ったことだった。一人っ子だと思っていた美しい女性に、そっくりの美貌をした姉妹が二人いたと知らされたような気持ちである。しかもそれが同時に手に入ったなんて！

切手を集めることの秘かな愉しみのひとつに、刷色の違いを愛でるというものがある。切手が版画に他ならないことに由来する愉しみである。これは鳴り物入りで発行された記念切手ではまずありえない。どちらかといえば素人の蒐集家が注目しない、地味で慎ましい普通切手や不足料切手、郵便税切手といったジャンルに特有の魅力だといっていいと思う。その意味で、ナムフォン妃切手は理想的だといえるだろう。つい前年発行された王と風景の切手がすべて単色で地味な印象であったのに比べ、この三枚組はパープル、青、オリーヴ色と、それぞれ背景の色が異なり多色刷である。他に「南ヴェトナム赤十字切手」として赤十字マークと50セントの加刷表記のあるものが存在するが、これは今回は勘定に入れない。一九五〇年代のヴェトナム切手はパリ、ロンドン、ローマ、東京と、さまざまな都市で製造されている。いったいこれはどこで印刷されたものだろうか。ディエン・ビエン・フーの熾烈な戦いの二年前である。やはりこれまでの例に倣って、パリに印刷を依頼したのだろうか。ひょっとして東京の大蔵省印刷局に発注したという可能性もないわけではない。そういえば最高額面であるIピアスター50セントの切手［034参照］など、どことなく退《ひ》いた感じのオリーヴ色で濃淡をつけるというテイストは、同じ年に日本で発行された「日本赤十字社創立75年記念」の10円切手［035参照］に雰囲気が似てはいないだろうか。

この三枚組を入手したことが契機となって、わたしはヴェトナム最後の王妃について調べてみる気になった。いろいろなことが判明した。

ナムフォン妃は王家とも縁戚関係にある、きわめて富裕な商人の家に、一九一四年に生まれた。両親はともにフランス風の教育を受けたカトリックである。彼女自身も洗礼名をマリー・テレーズといった。パリで教育を受けた後、フランスに帰化。二〇歳のときに皇太子であったバオダイ王と結婚して、ヴェトナムに帰国した。夫がヴェトナム帝国最後の皇帝となったとき、彼女は皇妃としてナムフォンの名を与えられ、以後はそう名乗ることになった。ちなみに彼女はヴェトナム生まれの作家、マルグリット・デュラスと同い年である。

ナムフォン妃のファッションはパリではつとに話題となっていたようである。一九三九年に結婚後初めて渡欧し、教皇ピウス一二世への謁見がかなったときのことである。彼女は礼服であるべき黒を着用せず、龍の刺繍のあるチュニックに真紅のシャルパ、黄金色の帽子という衣装で現われた。龍はいうまでもなく皇帝の徴《しるし》である。帽子の色からして、おそらくその姿は切手に描かれたものに近かったのではないだろうか。

この王妃について調べていくうちに奇妙な事実に気が付いた。彼女は皇太子をはじめ子供たちに恵まれたが、一九四七年に南仏カンヌにある別荘に子供たちを連れて移って以来、どうもヴェトナムに戻った形跡が見当たらないのだ。祖国がフランスを相手に独立戦争を開始し、夫である王の将来に予測がつかなくなったとき、フランス国籍の彼女としては、混乱のサイゴンに戻ることに躊躇があったのだろう。では一九五二年にどうして彼女を描いた切手が発行されたのだろうか。通常の郵便業務のためであれば、前の年に10セントから30ピアスターまで、一三種類の普通切手が一通り発行されているため、それで事足りていたはずである。ここからはわたしの身勝手な推理であるが、バオダイ王は王妃に帰国を促したく、また国民に彼女の存在を知らしめたいという気持ちから、彼女の肖像切手を作成させたのではないだろうか。こうでも考えないかぎり、この当時としては異例な、多色グラビアの切手シリーズが発行される理由がないようにわたしには思われる。

ちなみにバオダイ王も一九五五年にフランスに亡命した。ナムフォン妃は一九六三年に四九歳の生涯をパリで終えた。アメリカによる泥仕合の侵略戦争を知らずに死んだことは、ある意味で彼女には幸福なことだったかもしれない。バオダイ王はその後も生き続け、ヴェトナムとアメリカの和平交渉のために腐心し、一九九七年に八四歳の生涯を亡命者として終えた。もちろんいずれの逝去の場合にも、ヴェトナムが追悼の切手を発行することはなかった。

バオダイ王とナムフォン妃が社会主義国家となったヴェトナムをどう考えていたかはわからない。もっともヴェトナムの民衆にとって王家がもはや関心の外にあったことだけは間違いがない。ホーチミンと新しく呼ばれることになった首都において、今日、ナムフォン妃のことを記憶している人はもはやほとんどいないのではないだろうか。

とはいうものの、三枚の切手のなかの王妃は、今でもわたしにプルースト的な感情を喚起させる。自分がヴェトナム人ではないにもかかわらず、ノスタルジアの喪失された時間を想起させるのだ。わたしがもし自分のコレクションのなかから、『ギボンズ』や『スコット』による価値評定とは無関係に、個人的に価値をもつ切手を述べよと求められたとしたなら、この三枚のもつ高貴さをまず選ぶことだろう。

肖像切手のアイロニー

切手に誰の肖像を取り上げるかというのは、つねにゆゆしき問題だった。ただイギリスの場合だけが違った。ペニー・ブラック以来、ヴィクトリア女王からエドワード七世、ジョージ五世、ジョージ六世、エリザベス二世と、時の王なり女王の映像を採用すれば、充分にことが足りたからである。だが他の国では事情が違った。イギリスのように、切手発行のそもそもの始まりから超越的な映像をもたないところでは、その時々の政治状況に応じて、大統領なり、総統なり、また国家主席なりの肖像を採用するしかなかった。シャー・パフラヴィーから朴正熙《パクチョンヒ》大統領まで、時の権力者は自分の顔が切手の図柄として無数に増殖してゆくのを見つめながら、権力の不朽と不滅を信じようとした。だがひとたび彼が権力の座から失墜すると、新しい政権は切手のなかのその肖像の上に平然と加刷をし、あるいは顔全体を塗り潰したりした。

為政者を描いた切手につきまとうアイロニーとは、次のようなものである。

ひとつはどの切手にも額面というものがあるという事実だ。一九四一年から四三年にかけてナチス・ドイツが発行したヒトラー総統の普通切手には、Iペニヒから3マルクまで、サイズの違いを含めれば、一八種類が存在している。すべてがヒトラーの横顔を描いた、同一の図柄である。これをすべて集めきってアルバムのなかで並べてみせたとき蒐集家を襲うのは、当の人物へのカリスマ的崇拝の念でもなければ、権力への畏怖の感情でもない。単純にいってそれは滑稽な感情である。というのもここで明らかになるのが、いかなる切手といえども額面に支配され、使用時には額面をもって評価されるという事実だからだ。いい方を変えるならば、いかに崇高にして強力な権力者にしたところで、ひとたび切手に描かれた瞬間から、額面表示の奴隷と化してしまう。彼の肖像はIペニヒに、あるいはたかだか3マルクに還元されてしまうのだ。

もうひとつのアイロニーとは、いかに神聖不可侵とされる映像でも、切手となった以上は消印という残酷な試練を免れることができないという事実である。軍事政権の頂点にある大元帥も、偉大なる共産主義の革命家も、この運命から解放されることはできない。無数にある郵便

ナチス・ドイツが発行したヒトラー総統切手から(1941〜43)

［左］藤原鎌足の5円切手（1939）
［中］東郷平八郎の5銭切手（1937）
［右］乃木希典の3銭切手（1937）

物には、恐るべき速度のもとに使用済みの印が押されていく。いかなる郵便局員にとっても、切手の中央にある独裁者の顔を避けて作業をすることは不可能である。郵便物が無事に到着したとき、封筒に貼られた切手は用済みとなり、その図柄とは無関係に廃棄されたとしても、誰をも咎めるわけにはいかない。使用済みとされた肖像切手から肖像の崇高さを求めたところで、とうに霧散してしまったものを掘り起こして発見し直すことはできない。

戦前の日本の逓信省は、当初からこうした二つのアイロニーに気付いていたように思われる。普通切手に権威主義的な肖像画を採用することを避け、抽象的な文様か、でなければ皇室の記号である菊の紋章をもってそれに代えた。ある時期には若干の人物画が切手として取り上げられたが、そこには額面に応じた位階秩序が働いていた。すなわち民間人である乃木希典や東郷平八郎の肖像は、彼らがいかに偉大な軍歴を持とうとも、2銭や4銭といった低額切手に用いられた。それに対し5円の高額切手には、大化の改新で大功を立てた藤原鎌足が起用された。戦前切手のなかでもっとも高額である10円切手には、「三

旧高額切手・神功皇后（1908）

韓征伐」で名高い神話的存在、神功皇后が選ばれていた。

記念切手においても同様のことがいえる。戦前に記念切手が発行されるとき、その多くは皇室、それも天皇や皇太子に関わる儀礼的な出来ごとが発行の動機であった。だが「日清戦争勝利」を記念した四枚組（一八九六年）に有栖川宮親王と北白川宮親王が登場したのを例外として、睦仁（明治天皇）や裕仁（昭和天皇）の肖像が直接に描かれることはなく、菊花の紋章や儀礼で用いられる冠、宮殿、高貴にして吉祥の鳥である鳳凰といった風に、換喩と隠喩を駆使して、記号が肖像を代行した。これは「御真影」と称して天皇の肖像写真を神聖かつ絶対的な映像として掲げ、それを傷つけることなく守るためには平然と生命を投げ出して悔いないという、日本の固有の映像観と無関係ではない。今この原稿を書いている時点で、わたしの机上には二〇一九年発行の「天皇陛下御即位三十年記念」の二枚組切手がある。一枚は菊花。もう一枚は鶴と亀である。呆れ返るばかりの紋切型に思わず噴き出してしまうが、これが「伝統」に則った日本のデザイン感覚なのである。

肖像表象の禁忌という思い込み《ドクサ》は日本の切手に、世界でも稀にみる前近代的な特徴をもたらすことになった。郵便事業の発達が産業革命以降の近代そのものを示す代名詞であったにもかかわらず、日本人は切手の映像においても前近代的なマナ（人類学でいうところの、超自然的な霊力）

の権能に支配されていたのである。全世界の王族たちが切手に次々と登場し、全世界の独裁者たちがおのれの肖像を切手に残そうとするとき、ただ日本においてのみそうした現象が起こりえなかったことは、やはり注目に値することである。あらゆる切手が額面に奉仕し、残酷な消印に甘んじていなければならないという切手をめぐる真実に、日本人は耐えられなかったのだ。この姿勢を独自の美学と呼ぶか、前近代的な映像観の貧しさの現われと見なすかは自由であるが、それは同一のことを示している。女王の肖像はこと日本切手に関するかぎり、明仁、徳仁と二度の皇太子成婚の記念切手を除けば、存在しない。また今後も存在しえないだろう。海外では昭和天皇からサーヤまで、次々と皇族を描いた切手が発行されていることを考えると、対照的である。

ヴェトナムのナムフォン妃を描いた三枚の切手は、わたしの夢想するかぎりにおいて、こうしたアイロニーから自由であるように思われる。なるほどこの三枚にしたところで、惨たらしい消印の犠牲になることはあったであろう。だが王妃のどこか投げやりにして寂しげな眼差しは、近い将来に王家を見舞うであろう、残酷にして野卑な厄難を予測しているかのようであり、いかに悲惨な宿命であろうとも、それを受け容れることが歴史の慣わしであるといった観念を、わたしに想起させる。わたしは彼女がどれほどに政治的権力をもっていたのかを知らない。おそらくそのようなものは何もなく、彼女はただ政治の外側に立っていただけであろう。それは映像が政治を免れえた稀有の場合ではないかと、わたしは想像している。わたしの内面を支配してやまない、この動機を欠落させたノスタルジアに対し、わたしはこれからどのように折り合いをつけていけばよいのだろうか。

国家の名刺

消え去った国の切手

切手は、大国が子供部屋で差し出す名刺である。

ベンヤミンが自伝的断片集『一方通行路』のなかにさりげなく書きつけたこの一節は、長きにわたってわたしの思考の指針だった。晦渋な終末論に彩られたエッセイの重厚さに疲れ、しばしば書物を放り出そうとしたときにも、この警句の存在はわたしの心を和ませ、彼の書きものを読み進める勇気をわたしに与えてくれるのだった。

ベンヤミンは続いてこう書いている。

子供はガリヴァーとなって、切手の国々や民族を訪ね歩く。小人族の歴史や地理、数字や名前がいっぱい出てくる小人族のあらゆる知識が、眠りのなかで、彼に差し出される。子供は彼らといっしょに働き、厳粛な国民議会に臨み、かわいらしい船の進水を見物し、矢来に囲まれ冠をつけた玉座の酋長らと祝典を祝うのだ。（幅健志・山本雅昭訳、晶文社、一九七九。表記一部変更）

学生時代、スウィフトの『ガリヴァー旅行記』をめぐって論文を書いていたわたしは、はたと膝を叩いた。切手の世界では、王様であれ、船長であれ、国会議員であれ、いかなる大人たちもリリパット国に住まう小人たちのように小さく、かわいらしい存在なのだ。なるほど彼らは厳粛である。だが大真面目であればあるほど、その卑小さが目立ってくるというものだ。子供はその一切合財を、あたかもただ一人の巨人として観察している。彼は介入しない。ただ夢見がちの気分のなかで、あらゆる国家事業に立ち会っている。すべては眠りの国slumberlandのなかでの出来ごとなのだ。

わたしの記憶のなかでベンヤミンのこの一節は、チャイコフスキーの組曲「くるみ割り人形」と結びつき、ひとつの幸福な心的複合を形作っている。自分が今まで、機会あるたびに、一枚一枚切手を集めてきたのは、ひとえにこうした言葉に導かれてのことだったという気がしてくる。

クロアチア切手というのは、南マルク共和国の切手と並んで、わたしの少年時代を通して禍々しい悪役ということになっていた。少年雑誌も、子供のために書かれた切手入門書も、声を揃えてそれが偽物切手であると繰り返していた。クロアチアという国は、なるほど第二次大戦中には存在していましたが、今ではユーゴスラビアの一部となっています。もはや地上にそのような国はありません。クロアチア切手というのは、ありえない国の名を語る、悪質な偽物なのです。気になって地図帳を調べてみても、バルカン半島にはクロアチアという国はもはや存在していなかった。

もっとも存在していないのは第二次大戦後のことであって、オーストリア＝ハンガリー帝国に属していたこの地域は、戦時中に一時的にではあるが、独立していたことがあった。一九四一年に枢軸国の軍隊が占領し、ナチス・ドイツの後ろ盾のもとに「クロアチア独立国」がユーゴスラビア王国から分離独立を果たしたのである。当然のことながら切手も製造された。『スコット』の頁を捲ると、一九四五年までの五年間に、八一種類の普通切手、同じく八一種類の付加金付き切手、二五種類の強制貼付切手、二四種類の官用切手、さらに七種類の郵便税切手を製造している。

独立直後はさすがに旧ユーゴスラビア王国の切手に新国名を加刷したものが出回ったが、その年のうちに一九種類の普通切手を発行した。わたしはそのうちの二枚、０・５０クーナとＩクーナ切手の使用済みを所蔵している。

これはこの時期のヨーロッパのほとんどの地域にいえることであるが、ナチス占領下で発行された切手にはひとつの特徴がある。いずれもが単色で素っ気ない雰囲気をもち、崇高な風景を取り上

クロアチア独立国（NDH）の加刷切手（1941）

げたものが少なくない。風景でないとすれば権力者と兵士たち、その戦闘行為を描いたものが多いことだ。わたしの二枚も例外ではなく、巨大な滝と裸の岩山が、蒼ざめた色調のもとに描かれている。眺めているだけで陰鬱な気持ちになってくるような切手である。強制貼付切手やら付加金付き切手が連発されていることから推測できるのは、独立クロアチアの社会がきわめて抑圧的であり、財政的にも困窮した軍事国家であったという事実だ。とはいうものの切手発行には意欲的であったようで、ナチスの敗色が決定的となった一九四五年初頭にも記念小型シートを製造している。

一九四五年、ティトー元帥の率いるパルチザンが勝利し、ユーゴスラビア連邦人民共和国が成立すると、クロアチア独立国は消滅した。少なからぬクロアチア人は共産主義を嫌って国外へ脱出し、ここに民族離散が生じることになった。

ところが、である。一九四五年に地上からひとたび消滅したはずのクロアチアは、世界のあちらこちらから切手を発行することになった。二〇〇万人に及ぶ亡命クロアチア人たちが、クロアチアの自由と独立の回復運動の一環として、切手を発行するという手段に訴えたのだ。

イタリア・ベルガモで発行された1クーナのクロアチア切手

最初に名を挙げたのはイタリアのベルガモに逃げてきた者たちである。彼らは一九五〇年代に二枚の切手を発行した。青い50バニカ切手にはクロアチア国旗が、赤い1クーナ切手にはクロアチアの領土を示す地図が描かれている。もちろんイタリア国内でかつてのクロアチア通貨が通用するはずもなく、亡命政権は万国郵便連合UPUに加盟していたわけではないから、これを実際に郵便切手として通用させるわけにはいかない。どこまでも亡命者たちの団結と相互承認のための、意志表示にすぎない。ちなみに現在ではこの二枚は稀少価値を認められ、おそろしく高値が付けられている。

ベルガモ、ブエノスアイレス、さらにはスペインでも亡命者たちは切手を発行した。ヨーロッパのいくつかの国々にはEU結成よりもはるかに昔から、一年に一度、同じ図柄の切手を同時に発売するという習慣があった。「ヨーロッパ切手」である。亡命クロアチア人たちはこの切手の図柄をそっくり使用して、勝手に独自の「ヨーロッパ切手」を製造した。共産主義の鉄のカーテンの向こう側にある祖国を、何とかヨーロッパの一般の国として扱ってもらいたいという意志の表われである。この間、亡命政権はウィーンからローマへ、ブエノスアイレスからメルボルンへと目まぐるしく場所を変えながら、祖国の独立回復を訴えた。

一九六〇年代に入ると、クロアチア切手を発行する場所はさらに増えた。ペンシルベニアのクロアチア・フランシスコ師父会、ニューヨークのクロアチア救援協会、シドニーのクロアチア協会、さまざまな協会がこの運動に参加した。ロンドンに拠点を置くクロアチア語新聞の新聞社もまた、「ヨーロッパ切手」を発行した。この発行は毎年、律儀に行なわれた。

日本の少年雑誌や切手入門書が口を極めてクロアチア切手にご用心という記事を掲載したのは、この時期である。わたしの手元にある『バンビブック 切手集めなんでも号』（一二号、朝日新聞社、一九五七）には、罌粟《ケシ》の花を描いた三角切手のかたわらに「まがいもの切手」というレッテルが貼られ、「これらは見たところは立派な切手のようであるが、世界中どこにもこの切手が通用する領土はない。みんな切手を集める人に売るために発売されたものだ。」という説明がなされている。わざわざ罌粟の花の切手を選んで掲載したわけではないだろうが、この記述だけを読むと、いかにも悪質な偽物という印象がある。当時の日本には、独立回復運動のため、象徴的行為として切手を発行するという亡命者を想像することができなかったのだ。もちろんこれは正式な切手ではない。だが一枚の小さな紙片が、異国に生きる亡命者の脆弱な共同体にとって、重要な自己確認の手立てであり、その発行が儀礼的な意味を多分に担っていたという事実は、やはり蔑《ないがし》ろにはできない。切手とは大国が子供部屋で差し出す名刺であるというベンヤミンの言葉が、改めて思い出されてくる。実は大国ばかりではない。亡命者たちも名刺をもっていた。というより領土も主権もすべてを奪い取られた亡命者にとって、他者に認知されるためにただひとつ残された手段とは、名刺を準備することだったのである。

クロアチアという名前がふたたび国際社会に浮上することになるのは一九九〇年、トゥジマンによってユーゴからの分離独立が宣言されたときである。だがそれ以後、セルビア、ボスニア・ヘルツェゴビナを巻き込んで悲惨な軍事的衝突が生じ、民族浄化の名のもとに、三者が互いに虐殺と破壊を重ねたことは知られている。二〇〇四年、コソヴォの難民キャンプに設けられた大学のプレハブ校舎に滞在していたわたしは、内戦の傷痕の深さに驚きを隠すことができなかった。

二〇〇四年、クロアチアの首都ザグレヴを訪れたわたしは、中央郵便局の裏側の建物の二階に、クロアチア切手専門の切手店があることを教えられた。「フィラテリア」という名前だった。亡命政権時代の切手に興味があるのだけれどとわたしが頼むと、店の主人は待ってましたとばかりに、厖大なストックを見せてくれた。毎年独自に発行したヨーロッパ切手が一揃い並んでいる。心なしか、カトリックの聖人に因んだ切手が多いという印象をもった。主人の話では、こうした切手は『ギボンズ』や『スコット』では認知されておらず、掲載もされていないが、ドイツではすでに精細カタログが発行されているという。それを聞いてわたしは、ああ、やっぱりと、この国

「まがいもの切手」のレッテルを貼られたクロアチア切手(1952)

とドイツとの間の絆の深さに思い当たった。クロアチアを最初に独立させたのがナチス時代のドイツであったように、この国のユーゴからの分離独立をいち早く承認したのもドイツであったからである。

国名がわからない切手の愉しさ

あらゆる切手には国名が記されている。国名の表示がないのは、最初に切手を発行したイギリスだけである。人によってはサウジアラビアもそうではないかという声もあるが、シートの地にアラビア語と英語でキチンと表示がなされているから、これは勘定に入れない。切手蒐集家が最初に教えられるのは、このイギリスだけという歴史的事実である。だが実際に一枚の切手を目の前にしたとき、それがいつ、どこで、何という国名のもとに発行されたものであるかを知ることは、かならずしも容易なことではない。

これが欧米の切手であれば、そこに記されたアルファベットを手がかりに何とか切手のアイデンティティを探ることができるが、ことがイスラム圏で発行されたものとなると、まったくお手上げの事態が生じることがある。要はわたしが（数字を別にして）アラビア文字を解することができず、情けないことに中東の現代史に疎いからである。正体のわからない切手は、そこに記された文字を含めて、すべてが謎めいて見える。ひょっとして途轍もない稀少価値をもったものが、何かの間違いでこちらの懐に転がり込んだのではないか。小さな切手の画面の全体にわたりびっしりと記されたアラビア文字と複雑な植物文様を眺めながら、わたしはいつまでも空想に耽る。だが方々の切手カタログを参照し、何時間もかけて苦心して調べ上げてみると、何のことはない、どこにでもある駄ものであったと判明することが多い。とはいえこの探究に費やした時間が、わたしには甘美にしてスリリングなものであったことは否定できない。ここに蒐集の愉しみのひとつがあるのではないかと、わたしは思う。

父方に一人、風変わりな叔父がいて、戦時中に大阪大学で原子爆弾と殺人光線の研究をした後、戦後はインドからパキスタンを経巡って、食品添加物の原料と香辛料の輸入に携わった人物がいた。この叔父はわたしが切手を集めていることを知っていて、ときおりブラリと帰国するたびに、わたしに現地で買い求めたパケットをお土産にくれたりした。パケットのなかにはコーチンのようなインドの小さな藩国から、ペルシャやイラクまで、日本にいるかぎりけっして知ることのない使用済みの切手がびっしりと詰められていた。新しい切手のほとんどは身元を確かめるのに苦労はなかった。だがときおり古切手のなかに、どうしても正体のつかめぬものが混じっている。それから半世紀ほどの時間が流れ、大概のものは国名も発行年度も確定し、ストックブックの秩序のなかでそれぞれに場所をあてがわれている。だがそれでもまだわからない切手が何枚か残っている。精細な情報を得て、切手を見立てるためには、ダマスカスなりバクダッドへ赴き、現地の切手商に尋ねるのが一番いいのだろう。だが現下の政治情勢を考えると、それはなかなかできることではない。

サウジとペルシャ

最近になってようやく「解読」することのできた二点の切手について、簡単に書いておきたい。

一点目はすべて朱色の凸版印刷〔036参照〕だが、いったい何が描かれているのか、皆目見当がつかない。上下左右をアラビア文字が埋め尽くし、四隅には額面が表示されている。だがそこに別のアラビア文字がべっとりと黒で加刷されている。だが中央に描かれているものが識別できない。何か祭壇らしきものと、おそらくは『コーラン』の聖句と思しきアラビア文字がそこには文様のように描かれている。

これでは取りつこうにも取りつきようがない。アラブ圏のどこかの国の切手だとまでは見当がつかなくもないが、英仏の植民地や保護領であったなら、どこかに小さくアルファベットが書かれているはずである。ということは一度も欧米の支配下になかった地域だろうか。ぼんやりとこんなことを考えながら、暇を見つけては『スコット』を引いているうちに、サウジアラビアではないかと思い当たった。はたしてそうだった。もっともこの石油王国が現在のような形の王国となるまでには、さまざまな紆余曲折がある。とすると、ひょっとしてそれ以前の、統一国家成立以前の時点で発行されたものかもしれない。加刷切手であるというのが妙に気にかかる。

俄《にわ》か勉強でサウジアラビア建国史を調べ上げ、さらにいろいろと探究した結果、元になった切手は一九二二年にヒジャーズ王国が発行した1/2ピアストルの切手であったと判明した。中央に描かれていた祭壇めいたものは、メッカにある神聖なる武具であったことも判明した。ヒジャーズ王国とは、メッカの太守《シャリーフ》であったフサイン・イブン・アリーがT・E・ロレンス、つまりアラビアのロレンスの支援を受け、一九一五年に建国した国のことである。メッカのお宝を切手に描くことは、考えてみれば当然のことだろう。

さてこの王国を、ナジュドのアブドゥルアズィーズ・イブン・サウードが攻略した。ジッダを長期にわたって包囲し、ついに一九二五年に攻め落とした。翌年、アブドゥルアズィーズはヒジャーズ王を名乗り、ここにイギリスの承認のもと、ヒジャーズ・ナジュド王国が成立した。この王国が一九三二年に名前を変えたのが、現在にまで続くサウジアラビア王国である。

問題の加刷は一九二五年七月から八月の間になされたもののようだ。ヒジャーズ王国の切手倉庫を接収したナジュドの軍勢が、新たに統治者となった王朝を告知するため、既発行の切手に加刷を施した。どうやら一枚一枚、スタンプを手で押していったらしい。わたしは偶然にもこの切手を二枚所蔵しているが、加刷の場所が少しズレている。それどころか、切手の縦の長さが違っている。シートの一番上方にあったと思しき切手は、中央にあった切手と比べて三ミリほど余白が長く、そこに朱色の太い線が通っている。わたしはこの時期のサウジ切手についてどれほど研究が進んでいるのかを知らないが、おそらくこうした細部の差異について細かく分類をする研究家は皆無ではないだろうか。まだこの地方で石油が発見されず、戦いには勝利したものの、統一王国の王にして貧窮にあえいでいた時期のことである。

二点目の切手は、額面と刷色の違うものを三種類［037参照］所蔵している。いずれもが太陽を背に、右手に剣をもった獅子という堂々たる図柄である。刷色は一枚目では陽光は紫、二枚目では緑、三枚目では茶。いかにも国家と王家の威信を示すかのような切手だが、画面にはアラビア文字が記されているばかりだ。俄か勉強でアラビア数字を読み解いてみると、0.50, 2, 2.50とある。太陽と獅子は古代ペルシャのイコンであるから、これはまだ「イラン」と国号を変える前のペルシャではないかと睨みを付けたが、若きシャー・パフラヴィーを描いた切手にはすでにフランス語でpostes persanesと文字が記されている。しかしいかにもパフラヴィー王朝にふさわしい図柄だ。長らく考えあぐねていたが、あるとき通常の郵便切手ではないのではないかと考えてみた。そこでもう一度調べ直してみると、あった、あった、一九五〇年以降、郵便税切手の項目にこの獅子切手が見つかった。どうやら航空便には貼付することが義務付けられていたようだ。それとは別に、2.25リアルのものは電報専用であった。もっともそれは『スコット』には註で言及されているばかりで、正式には登記されていない。

やれやれと、わたしは思わず嘆息した。子供のころに与えられた謎をここまで解くのに、半世紀を費やしたわけだ。実はまだまだ正体を確認できないでいる切手が何十枚も控えているのだ。わたしにもしアラビア語を解する力があれば、もう少し作業は捗ったかもしれない。だがたとえ記されている文字が読めたところで、その背後にある歴史的文脈を理解するにはさらに努力が必要だろう。そう思いながらわたしは赤い獅子の郵便税切手を見つめる。その正体が何であれ、わたしはこの三枚の切手を所蔵しているだけで、充分に満足なのだ。

切手のなかに描かれた文字については、ひとつ痛快な話があった。わたしには韓国と北朝鮮の切手に凝っていたときがあって、一九四五年の祖国解放直後からしばらくの時期のものを若干集めていた。もっとも切手に記されているハングルを読み解こうなどとは思わず、そのまま打っちゃっていた。それがある偶然から、ソウルで語学教師として一年を過ごすことになった。帰国して何かのときに切手アルバムを開いたところ、切手に記されている文字がスラスラと読めてしまったのである。

北朝鮮の切手には、「ソ連の第三宇宙ロケット」「宇宙飛行船ボストーク」「黄海製鉄所」「帰国協定締結五周年」といった文字が書かれていた。韓国の切手には、「瞻星台」「世宗大王」「経済開発五ヵ年計画」「UN韓国承認一五周年記念郵票」といった文字が書かれていた。なあんだ、そうことだったのかと、わたしは苦笑した。自分が集めていた切手の謎が、こうしてたちまちのうちに氷解していくのを知るのは愉快なことだった。おそらくここでもしソウルにではなく、バグダッドかカイロに留学していたとしたら、同じような気持ちをサウジ切手にも抱いたかもしれない。

名刺はかならず人間の言葉で書かれている。ということは、かならず読み解くことができるということだ。

植民地の風景

フランス植民地の諸相

モロッコの古い切手を整理している。仕事の合間を縫って、ひと月に一日とか二日、なんとか時間を見つけてはストックブックにある切手をカタログと照合し、メモを取っている。『スコット』はてんで役に立たない。二〇一六年にギボンズ商会が刊行した『フランス植民地専門カタログ』が今のところ手もとにある唯一の指南書なのだが、フランスの『イベール』にはきっともっと詳細な記述説明があるだろう。ただ残念なことに、この虎の巻が我が書斎にない。分類作業は蝸牛の歩みである。一体いつになったら終わるのか、予想がつかない。

モロッコ切手を集め出したのは一九八〇年代からである。ポール・ボウルズという、タンジェ在住のアメリカ人作家の小説を翻訳したいと思って、彼の地に赴いたのがきっかけだった。ラバトやマラケシュの市場《スーク》を散策していて、切手屋を見つけるたびに使用済みのパケットを買い求めたりしていたが、パリでフランス統治時代の未使用切手をごっそりとまとめて買ったのが打ち止めとなった。のである。現在所蔵しているのは四〇〇枚くらい。ほとんどが独立前に発行されたものである。お値打ちものや珍品は、たぶん一枚もないだろう。わたしが集めているのは、ただそれがかつて一冊の本を書いてしまうほどに夢中になっていた国の切手だからというだけにすぎない。それを一枚一枚、カタログと照らし合わせては身元を確かめていくというのが、無上の愉しみなのである。

モロッコは長らく王制が敷かれていたが、一九世紀に、スペイン、フランス、ドイツが覇権を握ろうとして争った。一九一二年には、いくつかのスペイン領の都市を除いて、国全体がフランスの保護領となり、リヨテ提督のもとに統治が開始された。やがて国王ムハンマド五世はマダガスカルに流刑となり、旧市街のわきにはフランス式の近代都市が次々と建設されていった。モロッコが独立を果たすのは一九五六年のことである。

郵便行政の点でいうと、タンジェにはすでに一九世紀の中ごろから、フランスの在外局が設けられていた。ここではフランス切手が何の疑問もなく使用されていた。世紀の終わりごろ、郵便料金がスペイン風にペセタに変更になったので、フランス切手に新額面を加刷したのが、モロッコ切手の最初である。やがてフランスは、いかにもフランス風にアテナとアフロディテ

加刷されたフランス在外局のモロッコ切手（1914）

の女神を象った普通切手を、一揃い発行するようになった。

わたしが所蔵しているもっとも古い切手は、モロッコがフランスの保護領となった二年後、一九一四年に、従来の女神切手に「フランス保護領」とフランス語、アラビア語で加刷し、新料金を記した三枚である。2、5、15サンチームというから、いかにも低額切手であり、日本では珍しいということを別にすれば、市場価値などないに等しいような切手である。

一九一七年にはIサンチームから10フランまで、本格的な普通切手が登場する。ラバトのハッサンの塔、フェズのメディナの門、マラケシュのクトゥビアの塔、ヴォルビリスの古代ローマ遺跡……。モロッコのそれぞれの都を代表する名所が、イスラム風の装飾模様の外枠に飾られながら、格調高く描かれている。フランス人に異郷モロッコの風景を紹介したいという意志が強く感じられる。

風景切手はそれ以後、モロッコ切手の十八番となる。一九三九年、一九四九年と、二度にわたって、三五枚、二一枚と、あらゆる額面のものが発行される。二度目までは凸版であったが、戦後の三度目は、フランスお得意の凹版単色となった。そのたびごとにサレのモスクやらドラア渓谷、フェズの旧市街、ムーレイ・イドリス、ラバトのカスバといった風に、さまざまな風景が召喚されるのだが、回を重ねることに微妙に変化が生じている。ひとつは額縁めいた装飾的な外枠が簡略化され、ついには消えてしまったことである。もうひとつは、図柄から記念碑的な伝統建築が後退し、都市全体の雰囲気を描こうという傾向へ移っていったことである。とりわけ三度目の風景切手に描かれた三枚のマラケシュや五枚のより高額なオアシスの城塞切手は、モロッコ切手の白眉ともいうべき完成度を示しているような気がする。もっともモロッコ切手を特徴づけているのは風景ばかりではない。宗主国であるフランス

[左上］モロッコ切手の十八番、風景切手。ラバトのハッサンの塔（1917）
［左下］サレのモスク（1939）
［右上］フェズのメディナの門（1917）
［右中］ヴォルビリスの古代ローマ遺跡（1917）
［右下］モロッコ切手の白眉、オアシスの城塞（1945〜49）

は機会あるたびに、統治者の肖像を切手にした。その最たるものは、初代の提督であったリヨテだろう。一九四六年には、第二次大戦後の新秩序のなかで本国と植民地の間の紐帯《ちゅうたい》を確認すべき、「連帯」と大書した付加金切手が出されている。図柄は騎乗のリヨテである。さらに一九五四年には、リヨテ生誕百年に因んで、彼の生涯での歴史的場面を題材とした四枚の記念切手が発行されている。時あたかも独立運動が盛んとなり、モロッコ全土において国王帰還の声が高まっていた時期である。フランスとしては切手を通してでも運動の鎮静化を図りたかったのかもしれない。

だが仏領モロッコは、戦時中にはさらに宗主国への帰属を呼びかける切手を発行している。一九四三年の「ラ・マルセイエーズ」切手だ。額面は1.5フラン。フランスの女神が悲痛な顔をしながら、「ただひとつの目標、それは勝利」と呼びかけている。実は同じ図柄のものは、フランスの海外県であった隣国アルジェリアでも発行されていた。サハラ砂漠がドイツの戦車隊と

［上］「連帯」と大書された騎乗のリヨテ提督（1946）
［中］宗主国への帰属を呼びかけるラ・マルセイエーズ（1943）
［下］静寂感に包まれたモロッコの尖塔（1949）

の戦場であったころの切手である。

モロッコ切手を整理しているうちに、不思議なことに気が付いた。戦時下の切手は例外として、どの切手も不思議なまでに静寂感に包まれていることである。なるほど椰子の樹のかたわらに美しい尖塔が建っている。砂漠のなかに城塞が忽然と出現している。壷と書物と絨毯が描かれている。とはいうものの、そこには人間はもとより、生き物がほとんど現われていないのだ。これが両大戦間の他のフランス領植民地と比較してみると、ひどく不思議な気がする。

カメルーンでは蔓《つる》で編んだ吊橋やゴムの樹、そして牛による耕作風景が切手の題材とされた。

リョテ提督生誕100年にちなみ、その生涯の歴史的瞬間を描いた記念切手(1954)

フランス領カメルーンの切手。吊橋(1925〜27)、牛による耕作風景(1946)

ダホメではカヌーを漕ぐ現地人が、マダガスカルではタビビトノキと水牛、部族、伝統的な髪型をした若い女性、それに銃を手にした現地の歩兵が描かれた。密林を這う豹はコンゴ切手が繰り返し取り上げた名物であり、椰子の岸辺で船を操る漁師は、とりわけポリネシア切手が得意とする題材であった。どの植民地でも原住民の若い女性が率先して描かれた。彼女たちは伝統的な髪型をし、エキゾチックな衣装を身に纏いながら切手のモデルとなった。とりわけコンゴでは、乳房も露わにしたバカロワ族の女性の映像が、パストゥール研究所の建物と同じ、普通切手の図柄として選ばれていた。第一次大戦でドイツからカメルーンを奪ったフランスは、こうしたコンゴ切手に「カメルーン」と加刷したり、同じ図柄の切手を平然とカメルーンで発行した。こうしたフランス領切手のなかにあって、モロッコ切手は女性の表象の不在によって特徴づけられる。それどころか、この国では三枚の羊飼い切手を別にすれば、現地の人間が労働に勤しんでいるさまが切手になることは一度もなかった。

[左上]フランス領中央コンゴの切手。密林を這う豹(1907～17)
[右上]フランス領ダホメの切手。カヌーを漕ぐ現地人(1941)
[左中][右下]フランス領マダガスカルの切手。水牛(1942)、タビビトノキ(1943)
[左下]フランス領オセアニア(ポリネシア)の切手。船を操る漁師(1939～49)

一九五六年、モロッコは独立を果たすや、ただちに国王ムハンマド五世の肖像を切手にした。それまで無視されるか、図柄の端に小さく記されていただけのアラビア文字が、堂々と切手の上方に掲げられることになった。この時期、独立モロッコの切手はまだフランスで印刷製造されており、その凹版には往古の格調があった。

次の国王、ハッサン二世は、何種類かみずからを描いた普通切手のシリーズを出している。その後は背広にネクタイと、いかにも西洋の紳士然とした肖像や、フェズ（トルコ帽）を被った姿などだ。タンジェに住むポール・ボウルズからわたしの手元に最初に届いた手紙にも、この国王の切手が貼られていた。

独立して時間が経過するうちに、フランス風の格調高い凹版はすっかり消滅してしまった。一九六〇年代以降の主流は、世界のどこにでもあるような、凡庸なグラビアである。モロッコにとっては、それが脱植民地主義ということだったのだろうか。日本人であるわたしがフランスの植民地主義にノスタルジアを感じる義理も理由もないが、こと切手に関するかぎり、凹版の消滅はいささか残念な気がしないでもない。マリやガボンといったアフリカの国々はもちろんのこと、ラオスやカンボジアといった国々では、フランス領インドシナから独立した後も、相変わらず軽やかにして華やかな凹版切手を発行し続けてきたからである。とりわけ社会主義化するまでのラオス切手を愛するものとしては、モロッコ切手の変容を惜しまないわけにはいかない。

大英帝国の記章

一九世紀とはイギリスとフランスがアジア・アフリカの諸地域を次々と植民地化し、搾取と収奪を重ねた世紀であった。二〇世紀は逆に植民地において民族主義が台頭し、この二つの帝国主義国家に対して激しい独立闘争を行なった世紀であった。多くの植民地が独立を果たした。だがその後も宗主国との関係は途切れず、政治経済、そして文化の領域において、ポスト植民

［上］［中左］フランス領中央コンゴの切手。パストゥール研究所、バカロワ族の女性（1907〜17）
［中右］カメルーンと加刷されたコンゴ切手（1916〜25）
［左下］モロッコ王国・ムハンマド5世切手に加刷（1957）

地状況は、さまざまな問題を解決できずにいる。

フランスの植民地とイギリスの植民地では、切手にどのような違いがあるだろうか。答えは簡単である。イギリスの植民地では、かならず切手の右側にエリザベス女王の肖像が描かれている。すべて植民地の風景も文物も、女王の眼差しにおいて存在しているというメッセージがそこには示されている。エリザベス女王とは統治の眼差しに他ならない。

大革命でひとたび王制を廃止したフランスでは、そのような超越的な眼差しは存在しない。サハラ砂漠の半分がフランス領であった時代でも、ペタンやドゴールの肖像を切手の端に描くということはなかった。フランスという国家の女神だとされるマリアンヌがガボンやニューカレドニアの切手に描かれるということもなかった。

おそらくわたしのコレクションのなかで、もっとも頻繁に登場する人物は、エリザベス女王に違いないはずである。アデン、アセンション島、オーストラリア、バハマ、バルバドス、バミューダ、英領ホンジュラス、カイマン、クック諸島、フィージー、ガンビア、ジブラルタル、グレナダ、香港、ジャマイカ、ケニヤ・ウガンダ・タンガニーカ、マルタ、モーリシャス、ニュージーランド、ナイジェリア、北ボルネオ、ローデシア、サラワク、セント・ルチア、セント・ヴィンセント、シンガポール、トリニダード・トバゴ、ヴァージン諸島……わたしの切手帳のなかでエリザベス女王の肖像を掲げた普通切手を発行している国を、ABC順に書き出してみた。まだまだ脱落があるかもしれない。これらのなかにはすでに独立を果たして、女王とは縁切りした国もあれば、「ダイアナ追悼」やら、「女王戴冠六〇年」やら、何かにつけて英国王室に因んだ記念切手を嬉々として出し続ける国もある。来るべき女王の逝去に際しては、おそらく各国が争って追悼切手を発行し、そのあまりの量に切手愛好家が右往左往することが目に見えている。ヴィクトリア女王の肖像から始まった郵便切手は、大英帝国の栄光が終焉を遂げた現在においても、もう一人の女王の肖像をもって、世界に君臨しているのである。

二〇一二年、イギリスはエリザベス即位六〇年を祝して、六枚の切手からなる小型シートを発行した。そこには一九五二年から五四

エリザベス2世即位60周年記念の小型シート（2012）

年にかけて発行された、女王を描いた最初の普通切手の一枚、5ペンスの切手がIポンドに額面を変えて復刻されたのをはじめ、当時最新の切手まで、さまざまな女王切手の映像が引用されていた。まさに彼女こそ切手蒐集の守護神であるというメッセージが、そこからは窺い知ることができた。

神聖にして犯すべからずの女王切手であるが、実はそれを日常的に使用しておきながらも、その肖像に徹底的に無関心を決め込んだ国が存在していた。いや、国といっては正確さを期したことにはならないだろう。中国に「返還」される以前の香港である。

香港は一九九七年に中国領土になるまで、エリザベス女王の普通切手シリーズを、五回にわたって発行している。その最後のものは一九九二年である。だがその一方で、普通切手に堂々と加刷をして、契約証紙としても使用している。女王の顔に平然と文字を重ね、二ヵ所の額面表示を黒線で潰して、新しい額面を加刷している。このドライな処置は、思うに香港に独自のものではないかとわたしは思う。九龍半島の先端にある尖沙咀《チムサーチョイ》のゴチャゴチャとした土産物横丁で、使用済みのこの証紙を二〇枚セットで求めたとき、何とも無残な気持ちがしたものであった。いかにもゴミという気がしたのである。だが新切手によって更新され、もはや使用しなくなった古い普通切手をこのように転用することは実用的であり、香港という場所の風土に似つかわしいという感想をもったことも事実である。香港人にとってははるか遠く、ロンドンのバッキンガム宮殿に住まう異国の女王など、中国共産党の幹部の順列に比べればどうでもよいことだったのだ。

　エリザベス女王はかつてイギリス植民地主義の記号として、世界中でその映像が切手として複製されてきた。現在彼女は、ポスト植民地主義の文化的記号として、別の意味で映像世界に大きな位置を占めている。グローバル化した切手蒐集の市場にあって、特権的なアイテムとして、これからしばらくの間はまだ君臨し続けることだろう。

［上］香港のエリザベス女王切手（1992）
［下］筆者が尖沙咀［チムサーチョイ］の土産物横丁で入手した使用済み契約証紙

自分で切手を造る

自作のクーデター切手

自分で切手を造ってみようと思ったことがあった。一二歳のときである。「久米島切手」のことを聞いたのがきっかけだった。

一九四五年六月、久米島を占領したアメリカ軍は島民たちに、軍国主義的図案に基づくそれまでの日本切手を使用することを禁じた。困り果てた島の郵便局長は謄写版を駆使し、手作りで7銭の切手を製造した。印刷はそのあたりに転がっていた不要紙の裏側に行ない、いくら何でもこれでは簡素すぎると思ったのだろう、局長印を一枚一枚に押した。家族や知人の安否を気遣う島民たちが収容所から別の収容所へと手紙を出すとき、この切手は重宝された。久米島切手は今では沖縄史の貴重な証言記録として、高く評価されている。後日、はじめて那覇を訪れたとき、わたしはまず最初に沖縄逓信博物館（現在の沖縄郵政資料センター）を訪れた。ある一室の中央に、久米島切手のエンタイアが貴重な宝石のように、独自に展示されていた。

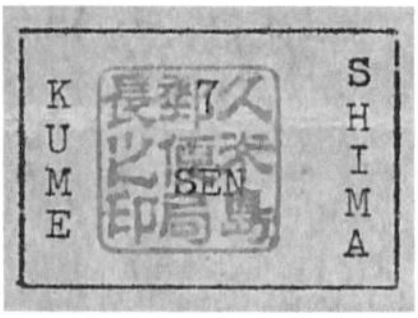

久米島切手（1945〜46）

なんだ、切手というのは高価なグラビア印刷機がなくとも、ガリ版で造ってかまわないのだ。もうすぐ中学校に進学するという春休み、わたしは自分でも切手を作成してみようと決意した。素材は消しゴム。使用するのは彫刻刀。図案も国名もなく、5円と10円、100円の額面数字だけの切手である。刷色は黒と朱の二種。母親の裁縫道具を借りて、それなりに目打らしきものも打った。素朴といえばこれ以上に素朴なものもないが、それでも心のなかでは、「第二次新昭和切手」の35銭や45銭、つまり敗戦直後で数字だけしか記されていない通常切手に似ているじゃんと、ひそかに自己満足に耽っていたのである。

もっともこんなことはすっかり忘れていた。本書を執筆するため、昔の切手アルバムを取り出して発見したのである。当時のわたしはご丁寧なことに、この創作切手を目打・無目打で三種類ずつ六枚を大真面目にアルバムに貼付し、解説まで執筆している。読んでみて驚いた。タイトルは「反乱軍政府発行」で、発行年日は「一九五五年ごろ」、「ゴム印で非合法に刷られ、発行枚数は非常に少ない。無目打の切手は数が多い。単線目打。市価は有目打が高く、h1～3は五〇〇〇円ほど。h4～6は一〇〇〇〇円ほどである。ニセモノも多い。使用済みが少なく、三種をいれた小型シートもある。」などと、いかにも本当の切手であるかのように発行データを記している。そうか、「反乱軍政府」の発行かあ。わたしはすっかりいい気分になった。自分が小学生のときから政府転覆を夢見ていた

数字のみが記された第2次新昭和切手（1946～48）

かと思うと、愉快に思ったのである。

さて、それから長い歳月が経過した。政府転覆の夢など跡形もなく消えてしまい、東京湾に浮かぶ、月島という小さな島で気楽な独り暮らしをしていると、郵便屋さんが不思議な封書を届けてくれた。長屋では郵便箱のある家などない。配達人は勝手に玄関を開け、三和土《たたき》に郵便

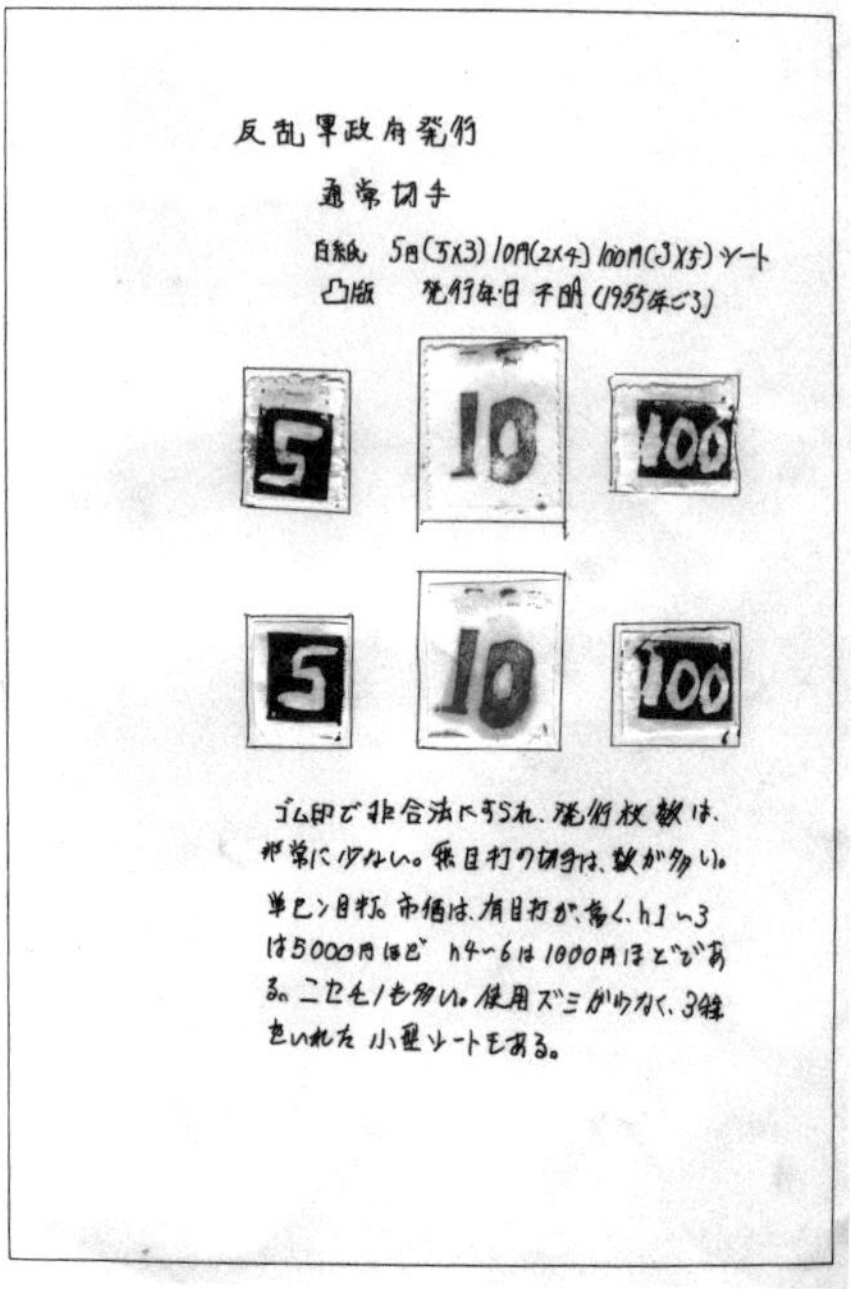

12歳の筆者が創作した反乱軍政府発行切手
(1955ごろと表記)

物を置いていくのである。

封書は宛名に「八方田犬彦様」とあって、側に小さく「1/2」と記されている。後は前島密の1円切手が八枚。もちろんこれでは規定の郵便料金（当時、封書は八〇円だった）に達していない。よく到着したものだなあ。

よく見ると、封筒の下の方に見なれぬ大判の切手が貼られている。西洋のさまざまな塔の窓や屋根をコラージュして描いた、抽象画のような絵画の切手だ。ふだんはお役所の記念行事のような切手しか出していない郵政省が、よくもまあ、こんなシャレた、センスのいい切手を発行したものよと目を近づけてみると、額面が「360。」となっている。はたしてこれは切手ではなかっ

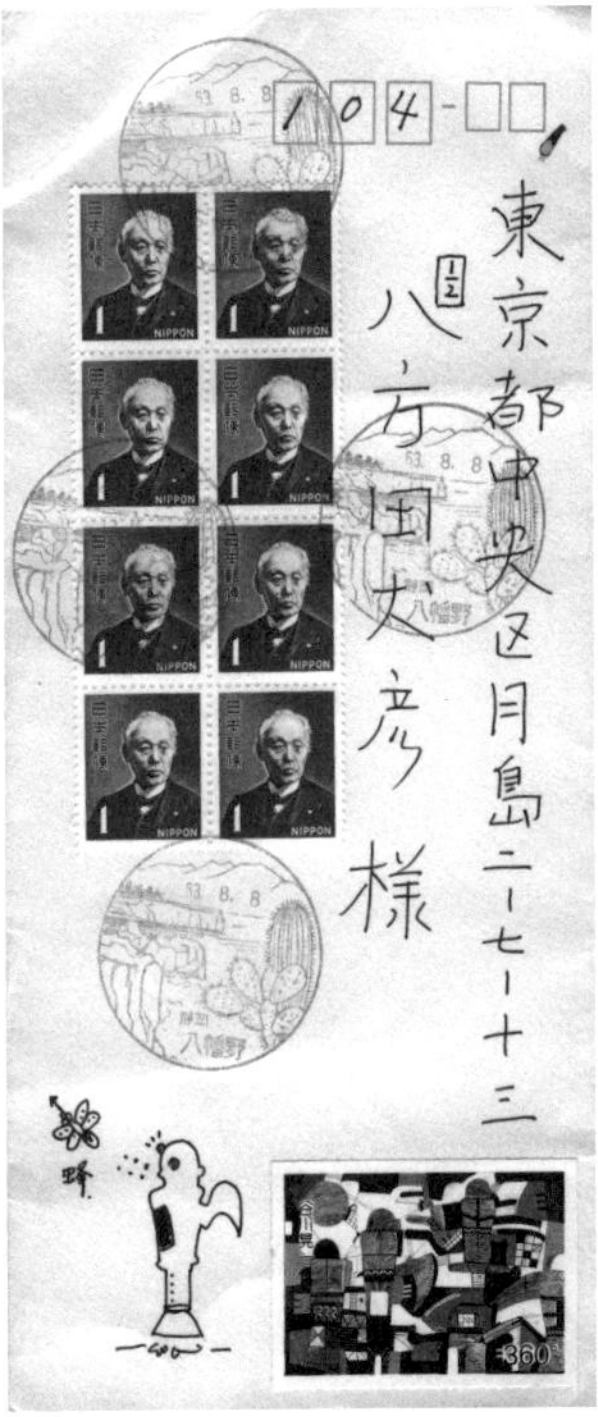

美術家・谷川晃一氏からの封書。
自作の切手が貼られている

た。表参道にあるギャラリー360°が創作切手を主題とした展覧会を開催するというので「発行」したアート作品が、いかにも切手のような顔をして貼られていたのである。差出人は美術家の谷川晃一さん。切手の原案となったのは彼のアクリル画だった。

ギャラリー360°が「当世風芸術貼紙」と題して、一六人の美術家の創作をもとにした切手を展示したのは、一九八六年のことだった。わたしの手元にはそのときに画廊が発行した「切手シート」が残されている。三二枚の作品が架空の額面を与えられ、いかにも切手らしく並んでいるのを眺めているとなんとも愉しくなってくる。

秋山祐徳太子の切手には、磯辺の海に屹立するブリキの巨大彫刻が描かれている。タイガー立石は、海辺の大平原を駆けていく虎。粟津潔は全裸の男女の交合を描いたデッサン。宮迫千鶴はキュビスムめいた、カラフルな機械図。萩原朔美はさまざまに加工した公園のベンチの映像……。先の谷川さんを含め、誰もが四五ミリ×三〇ミリの狭小の場所に、自分の大きな作品を収縮させて発表している。

切手の原案となった美術作品は、いずれもがけっして小さなものではない。元の作品を目の当たりにしたことがある人なら、それが強引にサイズを縮小された上に、すべてが対等に並べられているという事実に奇妙な印象を受けるだろう。だがそれこそが切手というもののフレームワークなのである。郵便切手は一国の独裁者の顔も、古今東西の名画も、季節の花々も、絶滅危惧種の爬虫類も、まったく対等に図案のなかに取り込んでしまう。すべて小さなものは美しいと喝破したのは『枕草子』の清少納言であるが、事物と映像はそれが通常に享受している大きさや高さから解放され、突然に極小の存在へと変化させられたとき、思ってもみなかった魅力を新しく獲得することになるのだ。ギャラリー360°の展覧会は、非日常のオブジェであるはずのアートを日常の切手の枠組みに構造化することで、われわれの日常をめぐる弛緩した意識を活性化させている。だが同時に、本来の事物のサイズを非日常的に変化させることで、ミニュアチュールのもつ独自の魅力、いわゆる「かわいい」の魅力を創出している。

切手をコラージュの素材として用いる美術家は少なくない。わたしの知っている現代作家でも、北川健次のように、思いもよらぬ映像の組み合わせの片隅に西洋の古い切手を貼付して、作品のなかに複数の焦点を造り上げたり、それが携えている時空の意識に亀裂を走らせたりする人物がいる。切手は、それがいかに小さな紙片にすぎないとしても、いや、その本質的な小ささゆえに、一枚だけで相当に重い時間の重量を担っている。それは古い絵はがきや映画ポスター、オペラのチケットといったものとは違い、コラージュ作品のなかに、国家と権力の亡霊を招き寄せてしまうのだ。

だが本章ではこれ以上、攪乱者としての引用の美学を説くことは控えることにしよう。それよりもわたしが書いておきたいのは、自分でありえぬ国家を創出し、その国の切手を作成してみたいという美術家の欲望である。現代美術の広大な世界には、ときおりこうした欲望に生涯を捧げた作家が出現する。けっして国際的に名声を得るわけでもなく、美術史的に評価されるというわけでもなく、どちらかといえば忘れられた世界の片隅でコツコツと作業をしている、内気な美術家といったタイプだ。だがわたしの心を惹き付けてやまないのは、そうした内向的な作家の内面に強力に横たわっている、ユートピア願望のことである。

手造りの切手に献げた人生

ドナルド・エヴァンズのことを知ったのは、谷川さんから不思議な封書を戴いたころだったと思う。記憶が曖昧で情けないのだが、たしか浜松町の倉庫の画廊で展覧会があった。わたしはある直観から足を運んだのだった。

それは畏るべくも不思議な展覧会だった。展示されているのはいずれも一センチから三センチほどの縦横の紙片で、さまざまな色彩のもとに描きこまれたその紙片が何百枚と展示されている。それはこの美術家が生涯をかけて作成した、手描きの切手だったのである。

ドナルド・エヴァンズは一九四五年、典型的なアメリカの中産階級の子弟として、ニュージャージーに生まれた。一人っ子だった。野球にも、西部劇にも、自転車にも、要するに当時の近所の男の子たちが夢中になるすべてのことに関心がなく、ただ一人で水辺に行って遊んだり、部屋のなかで空想に耽っていることが好きな少年だった。両親があるとき『ナショナル・ジオグラフィック』から切り抜いた地図を、彼の部屋の壁に貼った。ドナルド少年はただちにそれに夢中になり、さまざまな異国の都市の名前をことごとく憶えてしまった。こうした性格の子供が切手蒐集に夢中になるのに、そう時間はかからなかった。

幼い小学生が集めたのは主にヨーロッパと植民地の切手である。たくさんの王国、とりわけ女王の肖像を戴く国の切手に心を魅かれた。もっともお気に入りは、オランダのウィルヘルミナ女王を描いた一連の通常切手だった。一九五三年にイギリスでエリザベス女王が戴冠すると、英連邦諸国はいっせいにそれを祝賀記念する切手を発行した。八歳のエヴァンズも、自分なりに架空の女王の戴冠を記念する切手を手描きで制作した。それが手作り切手を作成した最初だった。

エヴァンズは一五歳になるまでに、切手蒐集と平行して、およそ一〇〇〇枚の切手を作っている。中学生のとき、切手商のもとでアルバイトをし、自分が読むことのできない文字で記されたたくさんの切手に触れたことが、彼の空想世界を大きく拡げたことは想像に難くない。彼の死後に刊行された作品集の頁を捲ると、冒頭に一部が掲げられている。「グレート・アイランド」という架空の島が発行した、二一枚の風景切手である。山に囲まれた湖がある。海に浮かぶヨットト。砂浜を歩く亀。複雑な入江。海から見た島の全景。人間はいっさい登場せず、ただ静かで

オランダ・ウィルヘルミナ女王を描いた普通切手(1940)

平和な風景だけが描かれている。

どうして統治者の肖像が不在なのだろう。エヴァンズは植民地の切手を集めていたのだから、こうした切手であれば、どこかに王族の誰かの肖像を描き込むのが通例であることくらい、知っていたはずである。もちろん中学生の彼にまだ人物を描く技量がなかったと考えることもできる。だが実のところは、描きたくなかったのだろう。彼が夢想する海の彼方の島は、ユートピアでなければならなかった。生臭い権力者どうしの争いなどから無縁の、美と静寂と安息感に満ちた小国であるべきだったのである。

高校に進んだエヴァンズは、ひとたびこの内気な創作を放棄してしまう。コーネル大学に進学し、建築を専攻。そのかたわらで神智学に関心を寄せ、グノーシス教の書物を読み、夢日記をつける。大学を卒業するとユトレヒトへ、そしてアムステルダムへ。どうしてニューヨークではなく、オランダだったのだろう。それはウィルヘルミナ女王の統治するこの国が、切手と同じくらい、充分に小さかったからだ。

切手蒐集が国民的教養とされているこの国に住み出してしばらく経ったとき、忘れていたはずの情熱が、もう一度エヴァンズの内面で蠢動を始める。彼はひとたび途絶していた切手製作にふたたび着手する。だがこの未曽有のジャンルに邁進すればするほどに、生活は困窮してゆく。家賃を払えず安アパートを追い出され、友人の家を転々とする生活。ある画廊が好意を示し、絵はがきに貼った創作切手一枚につき五ドルで買い上げてくれたこともあったが、それもいつまでも続かない。加えて鬱病が始まる。それから貧困から来る肺炎。入院の合間を縫って蚤の市を漁り、切手の素材となりそうな古い絵はがきやガラクタを買い求め、ただちに部屋に閉じこもって、ありえぬ国のありえぬ切手の創作に専念する日々。

一九七七年、アムステルダムで火災に巻き込まれ、三一歳の生涯を閉じるまでに、エヴァンズは架空の四二カ国にわたり、四〇〇〇枚の切手を作成した。加えて驚嘆すべきことであるが、三カ国語で記された切手カタログさえも考案していた。

「ジャンタール国」では四三枚の通常切手が発行されている。もっとも低額の1/2レイスはアヴォカドの図案。1レイスはエンドウ豆ひと粒。2レイスはクレソン。3レイスはニンジン。こうした風に500レイスの米粒、1000レイスのジャガイモまで、農作物を描いた切手が二五種類。別に牡蠣や蟹、ロブスターを描いた切手が九種類。コップやコーヒーカップといった食器切手が九種類。種明かしをすると、これはエヴァンズが両親とマデイラ諸島・カナリア諸島まで旅行をしたときの、愉しかった思い出に基づいて作成された。ポルトガル語を解さない彼は、レストランに入るたびに絵を描いて注文し、そうして食べ物の単語を取得し、切手に採り入れたのだ。「ジャンタール」とはポルトガル語で「ディナー」という意味である。

イテケ国では三六枚すべての切手が、イテケ女王の肖像である。青、黄、赤、緑、紫と、さまざまに色を変えながら、エヴァンズは額面の違うそれぞれの切手のため、同一の絵柄を丹念に描いた。モデルとなったのはオランダに住み出した直後に舞台で見た、イテケ・ヴァーテルボルクというダンサーだった。自分の母校コーネル大学の町イサカを思わせるこの固有名詞に彼は魅惑され、彼女のスナップ写真に霊感を受けて創作が開始された。いうまでもなくその背後には、すべての通常切手がウィルヘルミナ女王の肖像であるオランダへのオマージュがあった。

中南米にあって内戦に明け暮れるバナナ共和国の、蠍や弓矢を描いた切手。ペルシャ語でユダヤを意味するアジュダニ国の、顔も定かでない民族衣装を着た女性や、ターバンを巻いた白い髭の老人を描いた切手。世界に冠たるカルダン帝国から分離独立した「聾島」(アイランズ・オブ・ザ・デフ)では、手語を示す指遣いが図柄であり、マンジャーレ国では、トスカナの豊かな田

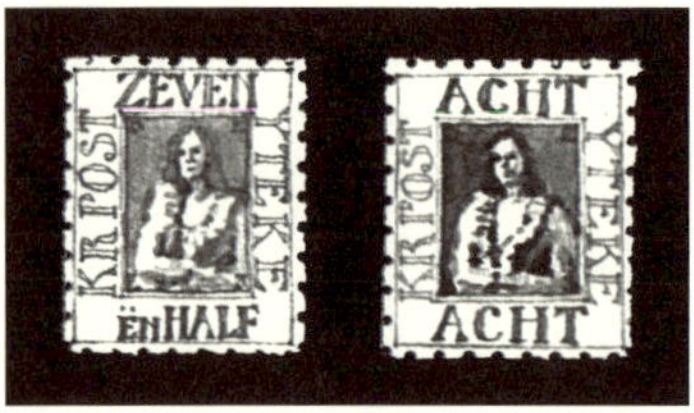

ドナルド・エヴァンズが創作したイテケ女王の切手
(Willy Eisenhart *The World of Donald Evans* より)

園地帯を描く切手の上に、わざわざ「アンティパステ地区専用」という加刷がなされている。

ユートピアと秩序転覆

わたしは以前、芸術における内気さの系譜というものを辿れないだろうかと案を立ててみたことがあった。ジョゼフ・コーネルからヘンリー・ダーガーまで、ほとんど人に会うことなく自室に閉じこもり、死に到るまで孤独のうちに創作に没頭した作家のことである。ドナルド・エヴァンズもまたこの真摯なる眷属の一人であった。わたしは彼が（怖ろしい貧困と精神の危機に苛まれてはいたものの）生涯を幸福に過ごしたと信じてやまない。切手という枠組みを手にすることで、彼はありえぬ時空のなかにユートピアを夢想し、その証拠となる紙片を作成することができた。いや、わたしには、もっと強い言葉で彼の業績を賛美しておきたい気持ちがある。ドナルド・エヴァンズは切手という視座を通し、全世界を見つめ続けた。現実に存在する世界だけではなく、ひょっとしてありえたかもしれない、甘美な追憶と未知への期待に満ちた〈異郷〉を見つめ続けたのである。

わたしは稚拙ながら消しゴムで切手を造ろうとした、かつての自分の心と、このエヴァンズの生涯を繋げてみたいと思う。心優しきエヴァンズは夢想のなかで次々とありえぬ国家を創造し、丹念に手作り切手を描き続けた。一二歳のわたしは政府の転覆を空想し、反乱軍政府が発行したという設定で、ありえぬ切手の創造に捕らわれた。ユートピア主義者と無政府主義者の違いである。わたしはいったいどのような革命政権を想像していたのだろうか。

　わたしはどんな美しい心も欲しくない。ただこの架空切手の製造に夢中になっていた頃の、昔の心が欲しい。

切手商とのつきあい方

切手屋さんの入り方

切手屋さんに入るのは何となくポルノショップに入るみたいで、勇気がいるわ。さる女友だちがそういった。なるほど店内は静まりかえっていて、熱心な客が多くて二人くらい。周囲を無視して、自分だけの世界に耽溺している。明確な目的をもたずに店内に入っても、奥で調べごとをしている老主人に睨みつけられるだけだろう……。蒐集家ではない彼女の想像は、あながち間違ってはいない。だが多くの場合、切手商たちは客に話しかけられるのを待っているのだ。切手のことを話しあえる相手を探しているのである。

わたしが最初に切手屋さんを意識し、そこに通い詰めるようになったのは、一二歳のときであった。今ではすっかり再開発が進み、渋谷ヒカリエが建っているところに、東急文化会館という八階建ての建物があった。映画館をはじめ、お菓子屋さんやフルーツパーラーなどが入っている愉しい建物で、都内有数のプラネタリウムがお目当てで、小学生のわたしはバスに乗ってときどき足を運んでいた。わたしの記憶が正しければ、この会館の四階と五階の間の踊り場に、小さな切手屋さんが店を開いていた。いかにもかつては深窓の令嬢といった雰囲気の中年女性が、いつも一人で店番をしていた。幼い蒐集家の間には固定ファンが少なからずいたようである。わたしもその一人で、プラネタリウムの帰りにはかならず道草をして、ロクにお金を使うわけでもないのに、ガラスケースの下に並んでいる、色とりどりの切手を、いつまでも眺めていた。切手屋さんを見ると、とたんに安心して、つい立ち寄ってみたくなるという習性は、どうやらこのころに育まれたもののようだ。

アジアでも、ヨーロッパでも、またラテンアメリカでもいい。何かの用事で外国に出かけたとき、ふと半日ほど、日程が空いてしまうことがある。どこかへ遠出をするのも面倒だ。といって突然に知人に連絡をとって食事に誘ったとしても、向こうには向こうの都合があるから、会えるとはかぎらない。そんなときわたしはその都市で切手商を探すことにしている。これは誰かに尋ねると、かならず教えてもらえるものだ。パリ、ミラノ、マドリード、リスボン、台北、バンコク、ソウル……およそ一国の中心ともいうべき都市には、かならず切手商が軒を連ねている裏通りが存在している。言葉など通じなくともいい。ただひと言、フィラテリストだと名乗れば、切手商の主人はわたしを招き入れてくれる。

切手商は世界中どこでも、だいたい似たようなところにある。たいがいは繁華街からひと筋入った奥だとか、市電の停車場の裏側に延びている路地のなかほどといった場所で、どちらかといえば地味な佇《たたず》まいを見せている。パリならばモンマルトルのパッサージュ（後述）の片隅などに、ひっそりと小さな店を開いていることが多い。

たとえ国が異なっていても、切手商にはどことなく似た雰囲気がある。店もそうだ。ショウウィンドウには初心者のために、派手派手しげな蝶切手や名画切手の安いパケットが数種類並んでいる。とはいえその隣には、安物とは一線を画すように、店の誇りともいうべき珍品がひと揃い展示されている。店のなかに入ると、ガラスケースがいくつか並んでいて、お得意分野の切手が整然と美しく並んでいる。どの店も入り口こそ狭いが立派な奥行きがあり、奥には年を取った店主がいる。彼は巧みにピンセットを操って新入荷の切手の品定めをしていたかと思うと、鷹揚《おうよう》に業界誌のオークション記事を読んでいたりしている。まるで貝殻の奥にヤドカリがひっそりと棲息しているかのようだ。客が入ってきても挨拶をするわけではない。

もっとも、もしこちらが、『サッソーネ』（イタリア切手の虎の巻的カタログ）で調べてきたのですけれど、戦前のイタリアの記念切手を見せてほしいのですがとか、フランス保護国時代のモロッコ切手に興味があるのですがとか、ひと言かふた言、口にしたとしよう。この隠者のごとき老店主の態度は、とたんに変わる。ミラノの切手商では、店主がのっそりと身を起こし、隣の部屋の棚から分厚いアルバムを何冊か運んできて、わたしの前にドカンと置いてくれた。さあ、好きなだけ眺めて、気に入ったものがあったら、ピンセットで脇にどけておくといいよ。わたしが水を得た魚のように、ただちにアルバムの表紙を捲ろうとすると、店主は使い込んで表紙がボロボロになった『サッソーネ』を、これまたわたしの脇に置いてくれる。わからないものがあれば、これで調べるといいよ。うちの店がいかに良心的に値を付けているかがわかるはずだからね。彼はそういうとふたたび奥の机に戻り、やりかけの作業に集中してしまう。

ラバトでモロッコ切手を探したときには、そう簡単にはいかない。しばらく話していて、こちらがこの分野にどのくらい明るいかを探ってくる。初心者だと思えば、まあ、このあたりから始めてごらんよといった風に、一〇〇枚組や二〇〇枚組の安いパケットを薦めてくれるだろう。こちらがかなり標的を絞って少し専門的な質問をすると、それに見合った答え方をしてくれる。ラバトやマラケシュの店だと、このあたりで店主の娘らしき女性がミントティーを運んでくる。さあ、いよいよ長期戦が始まった。

こうした場合、店主が得意げに、次々と差し出してみせる普通切手の完全セットは（そのうちの一枚か二枚をこちらが偶然に所蔵している場合はとりわけ）、いかにも蠱惑《こわく》的であり、強力な力でわたしを誘惑してくる。一九二〇年代のモロッコ普通切手二五枚の完全セットなど、まず日本で手に入れることなど不可能だろう。さあ、決意するなら今だ。心はそう嗾《けしか》け、店主はニヤリとした顔で、わたしが籠絡《ろうらく》される瞬間を待っている。だが、いかんせん、路銀（ディルハム）がない。日本に戻る前にもう一度、ここに戻ってくるからといい残し、わたしは店の外へ出る。心のなかでは微《かす》かな後悔と、同じくらいの安堵感を覚えながら。

パリで日本切手の講義？

こうして行く先々の外国の都市で切手商を訪れているうちに、さすがに顔を覚えられたのか、思い出したころにフラリと到来するわたしを歓迎してくれる店が、ぽつりぽつりと出てきた。その街に行けばかならず足を向け、主人と親しげに雑談をするという場所である。といっても大きな買い物をしたからではない。彼らが所蔵し、なかなか売れずに困っている日本切手について、簡単な助言をしてみせたことがきっかけになることが多かった。

パリの下町モンマルトルあたりには「パッサージュ」といって、一九世紀に築かれた屋根付きの商店街が、今でも優雅に残っている。デパートの台頭によって最新流行の座からは追われたものの、お菓子屋、画廊、古本屋、アクセサリー屋、香水屋、ステッキ屋、帽子屋……と、日常生活をちょっと優雅にしてみたいというフランス人の気持ちにかなったものを商う店が、びっしりと立ち並び、思い思いの品をショウウィンドウに飾っている。あまたあるパッサージュのひとつに、精神分析家の、いかめしそうなジャック・ラカン博士のような老人が経営している切手屋があった。狭いガラス戸を潜《くぐ》るようにして入る店だった。

わたしは最初、旧フラン時代のフランスの大型凹版切手で、自分のアルバムに欠けているものを揃えておきたいという気持ちをもって店の扉を開けた。目的は思ってもみなかったほど簡単に叶えられ、他にもフランスの凹版切手で、いくつかの収穫があった。ところが帰ろうとしたときに引き留められてしまった。実は弟が近くで同じ切手屋を開いているのだが、昔の日本切手のことでわからないことがあって困っている。ひとつ相談に乗ってくれないかという。ラカン博士と雑談をしているうちに、まもなくその弟なる人物が大きな切手アルバムを二冊抱えながら、店に入ってきた。ラカン弟を悩ませていたのは、ある種の「菊切手」と「田沢切手」に加刷されている二種類の漢字のことだった。すでに触れておいたが、フランスには『イベール』という、それなりに権威のある世界切手カタログがあるのだが、どうもそこには加刷の意味が記されておらず、詳細な分類がなされていないらしい。まあ二〇世紀初頭の東アジアの軍事情勢に充分な知識ももたず、おまけに漢字を読めないというのだから仕方ないとは思うが、切手商としては自分の懐に到来した何枚かの日本切手の正体がわからないというのは、やはりプロとして褒められたものではないし、第一、売り値をいくらにしていいのかがわからないという。彼が見せてくれたアルバムには、あらゆる額面の「菊切手」と「田沢切手」とが、何百枚にわたり並んでいた。一枚一枚をつぶさに眺めてみると、赤や黒で「支那」「朝鮮」と加刷したものが一〇点ほど存在していた。

わたしは（ブロークンなフランス語で）簡単に説明した。一九世紀の終わりに日本は朝鮮半島に強い影響力をもつに到り、日本の貨幣がもっぱら流通するようになった。そのとき現地の貨幣との交換の際、なんだかよくはわからないが、日本切手を用いた不正が行なわれたことがあった。そこで朝鮮で使用する日本切手には「朝鮮」と、小さな徴《しるし》を付けることになった。中国でも似た事情があり、通貨経済が急速に悪くなったので、日本切手を媒介とする投機が盛んとなった。それを阻止するため、現地での日本切手が日本では使えないように、「支那」と加刷した。「支那」は現在では用いないが、当時の日本が中国をそのように呼びならわしていたのである。云々。

なるほど、事情はわかったと、ラカン弟。それで評価額はどうなのか？

う〜ん、何ともいえないなあ。「朝鮮」ものは普通の「菊切手」よりははるかに高価で、なかには信じられないほど高いものもある。「支那」ものはあまり大したことはないね。それでも完全セットだったら、ちょっとしたもんだけどね。

手元に日本のカタログがなかったので、この程度の曖昧な話しかできなかったのは残念であった。だがわたしは、ラカン弟がさりげなく見せてくれた「田沢切手」コレクションのなかに、思いもよらなかった珍品を発見した。「軍事」と大きく加刷された、紅の三銭切手である。「軍事切手」については第二章で触れたことがあったが、ひと山いくらの「田沢切手」のなかにそれを発見したときの感激は一入《ひとしお》のものがある。「軍事切手」について何も知らない彼を騙して、この貴重な一枚を取りあげることは、おそらく赤子の手を捻《ひね》ることよりも容易《たやす》いことだったかもしれない。だが、それはわたしのスタイルではない。わたしはただちにラカン弟にこの発見を告げ、彼とその兄はひどく感激した。わたしたちは赤ワインを抜栓し、乾杯をした。それ以来、わたしはモンマルトルを訪れるたびに、この兄弟の二軒の店を交互に訪れることになった。

キューバ青空市での奇跡

だが、わたしにしたところで、いつも清廉潔白に行動しているわけではない。心のなかでは、はたしてこんな安価でいいのだろうかと疑問を抱きながら、何食わぬ顔で切手を購入したこともあるし、その煩悩が災いして、心のなかでは一抹の疑いから逃れられないといった体験をしたこともあった。今からその話をしておきたい。

ハバナを初めて訪れたのは一九九八年の夏だった。このころ、キューバは最悪の時期に差しかかっていた。ソ連が崩壊して以来、恒常的に続く石油と食糧の不足。カーニヴァルは中止されるか、恐ろしく規模を縮小させられた。キューバ人は現地のペソで日常物資を手に入れていたが、外国人は兌換券《だかんけん》か、でなければ直接に米ドルで払いを済ませなければならなかった。ビヤホールにIと表記してあれば、現地人はIペソ、外国人はIドルを払うという仕組みである。ちなみにペソとドルの交換比率はI：24だった。とはいえ人々は陽気に暮らしていた。乏しい食料を分かち合いながらも、サルサのコンサートに行って徹夜で踊ったり、ネイルサロンでは虎の子の米ドル札を惜しげもなくチップとして払ったりしていた。キューバ人の人生の根底には、明日を待たない享楽が横たわっているように思われた。

切手商のことを耳にしたのは、滞在して二週間ほどが経《た》ったころである。といっても決まった店舗があるわけではない。日曜日ごとに午後、ある広場で切手の市が立つという。社会主義国の例に漏れず、キューバも大量に切手を発行する国である。これはいい機会と、昼食を簡単にすませ、教えられた広場に向かった。噴水のあるロータリーの周りには、すでに三〇人ほどの人々が集まっていた。といっても外国からの観光客の姿はない。若者の姿も皆無で、中高年層の男たちばかりだ。誰が切手商であり、誰が客なのか、ちょっと見ただけではわからない。誰もが自分のストックブックを後生大事に腕に抱え、鞄のなかからいろいろな紙切れや資料を取り出したりして、ひどく熱心に話し合っている。考えようによっては、全員が年季の入った蒐集家であり、しかも自分のコレクションを売りに出そうとしているかのようにも見える。

わたしが日本人だと知って、一人の男が大きなアルバムを買わないかと持ちかけてきた。一九五八年までのすべての日本切手が揃っているという。値段を尋ねてみると、二〇〇〇ドルでかまわないという。一九五九年にキューバは革命を起こし、その後、社会主義陣営に属することになるのだから、一九五八年というのは、西欧世界の切手商や蒐集家たちと交渉があった最後の年ということだろうか。恐る恐るアルバムの頁を捲ってみると、日本最初の切手である四十八文の「龍切手」から「小判切手」、「田沢切手」と続き、わたしが子供時代に眼にした記念切手が段になって、途中で途切れている。よくもまあ集めたものだと感心したが、午後の散歩気分で出かけたものだから、米ドルの持ち合わせがない。聞くと、この広場での支払いはペソではなく、ドルだけだという。日本切手の大コレクションはともかくとして、とりあえず若干の軍資金を準備しておかなければ話にならない。そこでわたしは大急ぎで民宿に戻り、貴重品入れのなかの路銀を計算した。これからまだ一週間はハバナに滞在するのだから、その分の費用は取り置き、残ったドル紙幣を鷲掴みにすると、広場へと駆け戻った。

変な日本人が一人交じっているらしいという噂は、すでに広場の誰もが知るところとなっていた。わたしの帰還を待って、次々と人々が所蔵品を見せにきた。大阪の木綿商人がキューバから綿を購入する際に交わした、「昭和四年」の日付のある契約書。キューバに移民した日本人に宛てて出された手紙のエンタイア（切手には沖縄の印があった）。日本のSPレコード。高額の収入印紙を貼付した書類。可哀《かわい》そうなことに、漢字の読めないキューバ人たちは、収入印紙を郵便切手と誤解して、価値があるものだと信じていた。わたしがそれを説明すると、彼らは少し落胆した顔になったが、それでも別のアルバムを鞄から取り出し、「ミラ！　ミラ！」と口にするのだった。スペイン語で、「見ろ、見ろ」という意味である。

文化大革命時代の中国切手をひと揃い取り出し、全部で三五〇ドルでどうだといってきた中国系の切手商もいた。わたしは恐怖の文革時代にも、アルバニアとキューバは例外的に中国の友好国であったから、このような切手がごっそり流れてきた可能性はあるかもしれないと、一瞬想像した。だが三五〇ドルは、いくら何でも安すぎる。そこで切手商に、「Te gusta Mao ?（毛沢東は好きか）」と尋ねると、彼は即座に眉を顰めて、「No」と答えた。

この広場には三〇分くらいいただろうか。結局のところ、わたしの戦利品は次のごとくであった。

一九三〇年代キューバの普通切手　未使用　ひと揃い
キューバの航空切手二枚組（一九五三）
キューバ革命の二七日後に発行された革命記念切手（一九五九）
キューバのヘミングウェイを讃える三枚組特別切手（一九六三）
キューバ革命一〇周年を記念する切手（一九六九）

ここまでで二五ドル。この買い物でひとまずご当地に敬意を表することは終わったと思ったわたしは、今度は切手商たちが熱心に見せたがっている日本切手へと移った。

「福島明るい逓信展覧会記念」（一九四八）の小型シート　二ドル
「立山航空」（一九五二、銭位）未使用完全セット　四ドル

「立山航空」（一九五二、円位）未使用完全セット　六ドル

価格を聞いたとき、わたしは一瞬だが自分の耳を疑った。覚束《おぼつか》ないスペイン語に聞き間違いがあってはいけないと思い、念のため紙に書いてもらったが、はたしてその通りだった。二種類の「立山航空」が美品で完全に揃っていたら、日本では一五万円近い金額を払わないと入手できないだろう。それをわずか一〇ドルとは！

わたしは彼らに、いったい価格はどのようにして決めるのかと尋ねてみた。驚くべきや、彼らはボロボロになった『イベール』を、後生大事に鞄のなかから取り出してきた。一九五九年版で、価格表示は（現代ではとうの昔に使用されなくなった）フランスの旧フランである。一九五九年版というのは一九五八年に刊行されたという意味で、先にもこの年について触れておいたが、キューバ革命が起きる前年のことである。察するに、この年までキューバの切手商は全世界的な切手ネットワークに接続しており、フランスを通して外国切手の国際的な評価を知ることができた。ところが一九五九年からは資本主義国家と自由な取引ができなくなり、年ごとに発行される『イベール』を手にすることができなくなってしまったのだ。……というわけで、わたしが払った代金の数字は、四〇年間凍結された売価であり、それを旧フランから新フラン、そしてユーロ、さらにドルへと、三回にわたって換算した結果なのだった。

わたしは思わず笑い出したくなった。人生、辛いことも苦しいこともあったが、これほど馬鹿馬鹿しく痛快なことがあっていいのだろうか。だが、とわたしの用心深い心はそれを自制した。もし周囲のキューバ人にこの好運を悟られたら、彼らは価格の安さを不審に思い、さらに支払えと要求してくるのではないかと、一抹の不安を覚えたのである。もっともそれは杞憂だった。彼らはもう何十年にもわたり、いかなるキューバ人も関心を示さない日本切手を保持していることに、いい加減、飽き飽きしていたのである。運のよいことに、それが突然に出現した日本人のオッチョコチョイによって、あっという間に売れてしまった。しかも手の切れるような新札の米ドルで。笑いが止まらないのはひょっとして切手商の方だったのかもしれない。

幸運なことに、わたしのポケットにはまだドルが唸っていた。そこで思い切って最後の勝負に出ようと、わたしは思った。この調子だと、「龍切手」や「桜切手」だって、そう大した値段が付けられているとは思えない。何しろわたしが生まれて数年後に刊行された、フランスのカタログの値段なのだ。誰も手を出す者もいないと思い、きっと適当な値段を付けているのじゃないだろうか。こうして最後にわたしが手を出したのは、

百文の「龍切手」（文単位、無目打、使用済み、一八七一）
I5銭　鶺鴒《セキレイ》の「鳥切手」（使用済み、一八七五）

45銭　鷹の「鳥切手」(使用済み、一八七五)

さすがに「龍切手」は三〇ドル。「鳥切手」は二枚で一〇〇ドルと、高価であった。切手商も一介の旅行者に散財させてしまったことが気になったのか、神功皇后を描いた5円と10円の高額切手(使用済み)をストックブックから取り出すと、ハイ、これはおまけといって、鳥切手の封筒に入れてくれた。取引は双方が大満足で終了した。来週の日曜もここで市を開いているから来てくれと、彼らはにこやかにいった。民宿に戻ったわたしは、けっして彼らを騙したわけではなかったが、持ち前の小心さから、微かに罪悪感の交じった興奮に囚《とら》われていた。これでよかったのだろうか。彼らが翌日になって切手を取り戻しにきたりはしないだろうか。だが、この件はそれで終わりだった。帰国したわたしは、自分の収穫を日本切手カタログで細かく照合してみた。わたしは先に掲げた日本の古切手を、当時の価格でほぼ一〇分の一の価格で入手したのだった。

はたして本物だったのか?

キューバにはそれからも足を向けることがあった。五年前にはハバナ大学に招聘され、日本映画について集中講義までしてしまった。冷房装置のきかない教室で講義をするのは大変だったが、評判がよかったのだろう。すべての講義が終わったときには、なんと国営放送がそれを話題にした。大学の講義の合間に、わたしはかつて切手市が立っていた広場を探してみた。だがもはや青空市は開催されておらず、それどころか米ドルを用いることができなくなっていた。キューバは最悪の時期を克服し、自国のペソの威厳を取り戻そうとしていた。

いったいわたしが居合わせたあの切手市は、ひょっとして幻だったのではあるまいか。そう考えるに到ったのには理由がある。実は本稿を書いている途中で、当時購入した「龍切手」や「鳥切手」を確かめてみようといくたびも書庫を探したのだが、不思議なことにそれがどこかに隠れてしまい、いっこうに姿を現わしてくれないのである。だが不思議といえば、そもそも日本ですら入手が難しいこうした珍品が、地の果てキューバで軽々と購入できたという話自体が、どことなく眉唾《まゆつば》臭い。「龍切手」から「小判切手」まで、日本の初期の切手には、かなり早い時期から偽物が全世界的に氾濫している。その一部がハバナの青空市に紛れ込んでいたとして、おかしいことはない。してみると、わたしが支払ったドルの安さを思い出してみると、やはりあれはフェイクだったか。それとも時間が経つと自動的に消滅する仕掛けの、時限付きレアものであったか。疑いは尽きず、それに反証をするだけの手立てもない。とりあえずは長期戦術を採用し、どこかに身を隠している龍と鳥がもう一度、わたしの目の前に姿を見せるときを待つことにしよう。

人を堕落させる小さな紙片

アフリカの切手独裁者

『ドリトル先生の郵便局』を読んだのは九歳のときだった。今、書斎の奥から井伏鱒二訳のこの作品が収録されている『ドリトル先生物語全集3』(岩波書店)を取り出してみると、奥付に第一刷は「昭和三七年」と記されている。わたしはおそらくこの本を、読書好きの叔母からプレゼントとして贈られたはずである。だがこの物語を読んだとき、すでにわたしが切手蒐集への情熱に囚《とら》われていたのかどうかは、記憶が曖昧である。

ある冬のひどく寒い日に、ドリトル先生は西アフリカへ短い休暇に出ることを決意する。飼っていた動物たちがイギリスの寒さに耐えかね、ホームシックに陥ったからだ。彼は帆船を購入し、旧約聖書に出てくるノアよろしく、たくさんの動物たちを乗せると、西アフリカに向かって旅をし、その帰りみちに丸木舟に一人乗っている黒人女性を発見し、救出する。彼女は夫が奴隷として拉致されてしまったので、嘆き悲しんでいたのだ。先生は腹心のツバメに助けられ、英国海軍の巡洋艦とともに奴隷船に乗り込み、危うく売り飛ばされようとしていた男の救出に成功する。この事件がきっかけとなって、先生はファンティポ王国を訪れることになる。

ファンティポ王国は、「文明国」の船が一年に二度か三度しか寄港しないという、ひどく辺鄙《へんぴ》な国である。とはいうものの、そこには立派な郵便局があり、郵便局員はイギリス仕込みの制帽を着用している。郵便切手もどうやら相当数を発行しているらしい。そういえばと、ドリトル先生は思い出す。もう大分前のことだが、船旅の途中でこの港に立ち寄ったとき、乗客は誰も下船しなかったけれど、郵便屋さんだけが船にやってきて、緑や、すみれ色の、とても美しい切手を売りに来たことがあったなあ。

ちなみに『ドリトル先生の郵便局』は一九二三年に、アメリカで活躍した児童文学者、ヒュー・ロフティングによって発表された。もちろんその時点で切手蒐集は王侯貴族の趣味として確固たる地位を築いていたし、『ギボンズ』や『スコット』といったカタログは世界中の切手情報をいち早く取り寄せ、そのすべての来歴と価値を記していた。そこで気になってくるのは、ドリトル先生の活躍はいつの時代のことであったかという問題である。大西洋を舞台とした奴隷貿易が禁止されたものの、こっそりと密貿易がなされていたというのだから、物語の設定は一九世紀中ごろと見ていいだろう。

では切手に関してはどうかといえば、ドリトル先生が航海に出る二、三年前に、イギリスのローランド・ヒルが「一ペニー郵税」なるものを提唱し、フランスやアメリカもそれに倣ったという記述がある。イギリスで発行された世界最初の郵便切手「ペニー・ブラック」の発行が一八四〇年であることを考えると、物語の時代設定はぐっと狭められ、一八四二年か三年あたりだと判明する。興味深いことに、この物語には次のような一節まである。

「ちょうどこのころ、文明諸国では、この『一ペニー郵税』事業が発達してゆくにつれ、切手を集める流行が、だんだん盛んになりました。イギリス、アメリカ、それから、ほかの国の人たちも、切手アルバムというものを買って、それに切手をはりはじめました。珍しい切手は、たいへん高いねだんになりました。」最初の郵便切手を発行した直後には、すでに切手蒐集は開始されているのだから、この記述はけっして間違っていない。

さてファンティポ王国であるが、あるとき白人商人が王様であるココ王宛ての郵便物を持ってくる。それまで切手というものを見たことのなかった王様は、イギリス女王の肖像のある紙片を見て、大いに啓発される。世界のどこかに手紙を送りたいときには、この女王の切手を封筒に貼って、ポストに投函すればいいと説明され、この「新しい魔術」にたちまち夢中になってしまう。

ファンティポ王国の切手（岩波書店刊『ドリトル先生の郵便局』より）

「たいへんみえぼうのファンティポのココ王は、じぶんの絵のついた、ひじょうにたくさんの切手をつくりました。王冠をかぶっているのもあるし、かぶってないのもありました。笑い顔のもあり、しかめ面のもありました。馬に乗った姿もあり、自転車に乗っている姿のもありました。なかんずく、王のいちばん自慢していた切手は、ゴルフを――ファンティポで、金の採掘をしている、あるスコットランド人から、最近におそわった遊びですが――そのゴルフをやっている絵のついたものでした。」

やれやれ、世界中の独裁者というものは変わりないものである。ヒトラーからパフラヴィー国王、金日成《キムイルソン》からフランコ将軍まで、切手を通して自分の権力を世界中に喧伝《けんでん》しようとする点で共通している。王様は大英帝国が「採掘」と称してせっせと自然資源を収奪しているとき、ゴルフを教えられ、悦に入っているのである。これは、ポスト植民地主義の文脈からすれば、きわめて興味深い現象である。

だが事態はうまく進行しない。せっかく大量の切手を発行し、町角に郵便ポストを設置したものの、いっこうに魔術は効を奏さない。郵便の仕組みをまったく理解していなかったからである。白人が、郵便というものは郵便局が人力で集配しないと機能しないと説明すると、ただちに郵便局を設置し、イギリスに制服や制帽を発注して集配人に着用させようとする。こうしてファンティポでは郵便が正しく配達されるようになる。国民は使用済みの切手を集めて、それで服を作ったりして愉しんでいる。

ここに西洋から切手蒐集家が到来する。彼らがすでに発行をやめ、稀少となった切手に目の色を変え、高額で買い求めようとするのを見て、王様は蒐集家のために切手を印刷するのも悪くないと思いつく。こうして郵便制度の堕落が始まる。ファンティポは本来の郵便制度を蔑《ないがし》ろにし、もっぱら派手な色彩と図柄の切手を濫造《らんぞう》するようになる。実は本章の冒頭でちょっと書いた話なのだが、ドリトル先生が出会った女性の夫が、奴隷として売り飛ばされそうになっていた。すぐにわかれば解決できたのに、女性が窮状を訴えて彼女のいとこ宛てに出した手紙が、きちんと届いていないことが事態を深刻化したのだ。そのためこの国の郵便制度を抜本的に変える必要が出てきたのである。

ドリトル先生の船がファンティポ港に停泊していると、一艘《いっそう》の丸木舟が近づいてくる。漕いでいるのは王様本人で、彼は切手を売りつけにやって来たのだ。こんなことではいけないと思った先生は、ただちに王様を説得し、王国に乗り込むと郵便制度の改革に着手する。そのかいあって国内郵便は元通りになったが、問題は海外便だ。だがそれも先生を慕うツバメたちの献身的な協力によって、無事に解決されることになる。

九歳のわたしにこの書物が、はたしてどの程度まで深く理解できたかは、心もとない。おそらく単なる冒険ユーモア物語として受け取っていたのだろう。だが、エドワード・サイードの『オリエンタリズム』を通して、西洋列強がアジアやアフリカに文明を伝えると称し、苛酷な植民地主義を実践してきた経緯を知ったわたしは、今ではここに語られている物語を前に、無邪気に笑う気にはなれない。ファンティポ王国はイギリスの考案した郵便切手を通して一気に全世界同時性の状況（今でいうグローバリゼーション）に突き落とされ、植民地近代を生きることを強いられることになったのである。だが、それだけではない。『ドリトル先生の郵便局』は、使用目的を離れてフェティシズムの対象と化した切手が、資本主義体制の商品経済のもとで優れた商品に変容したという事実を、苦いユーモアのもとに記している。本書でもすでに触れたが、蒐集家のためだけに発行される、派手派手しい記念切手によって、今では世界の切手市場は飽和状態にあるのだ。

切手少年の孤独と悲しみ

とはいうものの、こうした荒唐無稽な物語とは別に、切手蒐集家の孤独を描いた小説が存在していることも忘れてはならない。自分が生命よりも大切に思っているコレクションから引き離された少年の悲しみを描いた作家というのも、ちゃんと存在しているのだ。サミュエル・ベケットのことである。

ベケットといえば『ゴドーを待ちながら』(一九五二)という芝居で二〇世紀演劇に決定的な革命をもたらし、ノーベル文学賞を受けた劇作家という面が有名である。だが彼が『ゴドー』の前年に発表した小説『モロイ』には、切手を集めている少年と、それを取り上げてしまう父親をめぐって、一度読めば忘れることのできない挿話が描かれている。

あるとき主人公の男は、モロイという人物を捜そうと決意し、息子を連れて旅に出ることを決める。モロイがいったいどんな人物なのか。なぜ彼を捜さなければならないのか。このことをいっさい説明しないのが、前衛小説家たるベケットのベケットたる所以《ゆえん》なのだが、とにかく父親は旅支度のために息子の部屋に入る。

「息子は小さな勉強机に向かってすわり、目の前に二冊のアルバム、大きいのと小さいのとを開いて切手に見入っていた。私が近づくと、勢いよくその両方を閉じた。私にはなにをやらかしていたかすぐにわかった。（中略）なにをしていたんだ？ と私は言った。ちょっと切手を見ていたんだよ、と彼は答えた。それが切手を見るってことかね？ と私は言った。そうだよ、もちろん、と息子は想像もできないほどずうずうしく答えた。黙れ、この嘘つき！ と私は叫んだ。息子がなにをしていたとお思いか。いわゆる名コレクションから重複分のアルバムのほうへ、値うち物の珍しい何枚かの切手、毎日夢中になってながめ、たとえ数日間でも手放す決心のつきかねる何枚かを、いとも簡単に移しかえていたのだ。新しいティモール島の切手、黄色の5レースのあれを見せなさい、と私は言った。息子はためらった。見せるんだ！ と私は叫んだ。それは私が買ってやったので、一フロリンもした。当時の掘り出し物だった。」（安堂信也訳、白水社、一九九二。以下引用は同）

結局、怒った父親は、息子から二冊の切手アルバムを取り上げてしまう。旅行の間も持参して、お気に入りの切手をときどきチラチラと眺め、心の慰めを得ようと思っていた少年は、父親がアルバムを金庫に入れてしまおうとするのを見て、深く傷つけられる。怒りのあまり、「もうあんなもの見たくないよ！」と叫んで椅子を倒してしまう。

父親はその後で、自分のこの決定について反省をしてみる。もし息子がこっそりとお気に入りの切手をポケットに入れて、旅行中もときどき眺めていたとしたら、父親の目をかすめることになり、結果として嘘に嘘を重ねることになるかもしれない。ポケットに入れた切手など、簡単になくなってしまうものだ。もし切手がなくなったとしたら、息子はどんな嘘をつくことになるだろう。父親としての自分の決断は息子にとっては試練だが、その試練は息子のためになるだろうと、彼は考えてくれるだろうか。しかしこの事件がきっかけとなって、彼が自分を越え、父親という観念そのものまで嫌悪するようになったとしたら、どうすればいいだろうか。

こうして父親は悩み続ける。その晩、自責の念に駆られると、睡眠薬を溶かした牛乳を飲み、自分の部屋に入る。

「私の視線は、机の上の二冊のアルバムに落ちた。持ち出し禁止を取り消してやれないか、せめて重複分のアルバムだけでも、と考えた。息子はさっきここへ体温計を捜しにきたばかりだった。あのときばかに時間がかかった。機会を利用して、特に好きな切手を何枚か取っただろうか。いつも目を離さずにいるわけにはいかなかったのだから。私は盆を置いて、あてずっぽうにいくらかの切手を捜してみた。美しい船がついた洋紅色のトーゴのＩマルク切手、一九〇一年のニアサの10レース切手、そのほかいくつかを。私はこのニアサの切手が大好きだった。緑色で椰子《やし》の梢《こずえ》の若芽を噛《か》んでいるジラフの絵が書いてあった。切手はどれももとの場所におさまっていた。」

[左]加刷されたティモールの切手(1894)
[右]ドイツ領トーゴの1マルク切手(1901)

ここでベケットが取り上げている三枚の切手について、簡単に説明しておこう。

まずティモールの切手。現在は東側だけが別に独立したが、かつて島の西半分はオランダ領。もう半分はポルトガル領であった。問題の「5レース切手」はポルトガル王カルロスを描いた、一八九四年発行の凸版切手である。この地域ではその翌年に、通貨がレアル(複数はレース)からアヴォス/ルピーへと変更された。この切手は未使用のまま、大量に残されることになり、やがて「5 AVOS」と加刷がなされ、再発行された。それ以後、レース表示の切手の発行はない。したがって文中にある「新しい」切手という表現は、実は正しくない。では価値はといえば、現在でも未使用が一ドルもしない。『モロイ』が書かれた一九四〇年代後半には、おそらくもっと安価であったと考えられる。もっともわずか一年で使用できなくなり、多くは新額面を加刷されて流通したということを考慮すれば、「掘り出し物」という表現は当たっていなくもない。ただ、それを「掘り出し物」と認定できるのは、相当の目利きであることは、書いておいてもいいだろう。

次にトーゴの1マルク切手。トーゴ全域は第一次世界大戦後にイギリス領とフランス領に分割されるが、それ以前はドイツ領であった。問題の切手はドイツ皇帝の持ち船であるホーエンツォレルン号を描いた、カーマイン（洋紅色）の凹版切手である。威風に満ちた高額切手で、現在の価格は、未使用だと一ドル程度。だが使用済みがなぜかその五〇倍ほどもする。

最後にニアサの10レース切手。ニアサはイギリス領を経て、現在はマラウイという名の独立国であるが、二〇世紀の初頭はポルトガル領だった。最初はモザンビーク切手に「ニアサ」と加刷されたものが用いられていたが、一九〇一年になって、ようやく独自の通常切手が一三種類発行された。低額切手がキリン、高額切手がラクダの図柄である。10レース切手は、樹木の芽を食むキリンが濃緑、それを囲む枠が黒の凹版印刷で、低額切手でありながらも、なかなか格調がある。実はこのシリーズの一三枚は、セットで一〇ドルくらいで、簡単に入手できる。もっともこの切手には、中央のキリンやラクダの図柄が逆さまになった

ポルトガル領ニアサの10レース切手（1901）

ものがある。ひょっとしてベケットが「私はこのニアサの切手が大好きだった」と書いたのは、このエラー切手の存在を知っていたからかもしれない。

『モロイ』に登場する三枚の切手の選び方を眺めていると、ベケットが切手について、実にシブい鑑識眼を持っていることがわかる。いずれもが半世紀ほど前に、列強の植民地で発行されており、一枚一枚だとけっして高くはない、というよりむしろ安物だが、なかなか出てこないといった切手である。ただひとつ気になるのは、はたしてこれが子供のコレクションとして妥当かどうかという点である。物語がいつに時代設定されているかは詳《つまび》らかではないが、いくらなんでも二〇世紀初頭ということはないだろう。これはわたしの想像であるが、こうした切手は（最初のティモール切手を除いて）すべて父親である主人公が少年時代に蒐集したものを、息子に譲ったということではないだろうか。父親がそれを息子から取り上げて、夜に一人、じっと見入っているという光景を考えると、そこに何か因縁らしきものを感じざるをえない。全能の父とそれに異を唱える息子という構図は、アイルランドのキリスト教的風土に生を享《う》けたベケットにとって、宿命的なものであった。この切手をめぐる小さな挿話にも、この主題が見え隠れしているように思えてならない。

人間、この罪深き者

小説や映画のなかに郵便切手が登場するということは、けっして珍しいことではない。もっともその大部分は、ある種の切手がその稀少さゆえに、宝石や貴金属と同じく、天文学的な価格で取引されるという事態に想を得たものである。もっとも著名なものは、オードリー・ヘプバーンが主演した『シャレード』(スタンリー・ドーネン監督、一九六三)だろう。題名は「謎とき」くらいの意味である。

戦時中に夫が着服した二五万ドルの大金のため、次々と殺人事件が生じる。妻のレジーナ(ヘプバーン)は大いに戸惑うが、くだんの大金はどこにも見つからない。実はそれは三枚の稀少切手に姿を変えていた。だが、それは親友の息子の手違いで、露店の切手商の手に渡ろうとしていた。レジーナは一瞬の差でそれを取り戻し、事なきをえる。

なかなか面白いトリックだが、切手蒐集家の立場からすればいささか幼稚すぎる。いくら高額の切手だからといって、スウェーデンとハワイの著名な高額切手がズラリと横に並んでいるということはありえないことではないか。このフィルムは切手というものを舐めてかかっているると思わざるをえない。

もう一本、イジー・メンツェルの『英国王給仕人に乾杯!』(二〇〇六)のことにも触れておこう。

スタンリー・ドーネン監督のフィルム『シャレード』に出てくる3枚の稀少切手

しかしこれも切手そのものの悪魔的な魅力には触れていない。ヒトラーに占拠された恐怖時代のチェコで、一人の男が全財産を宝石ではなく切手の形で守り抜き、なんとか生き延びる。切手は単に効率のよい有価証券以上の意味を与えられていない。

　いずれの場合にも、切手は誰にも思いつかない財産の隠し場所という以上の意味を与えられていない。まあ、切手蒐集の底の深さと恐ろしさを知らない素人さんが脚本を書けば、せいぜいこんなところかなあという感じである。登場する切手についても、その稀少さの説明が充分に説明されることはない。

　だが、ここに一本、切手蒐集の悪魔的な誘惑を物語の中心に据え、人間の内面に宿る罪深さを見つめた、傑作ともいうべきポーランド映画が存在する。正直にいってわたしはこのフィルムを初めて観たとき、思わず唸ってしまった。クシシュトフ・キェシロフスキの連作『デカローグ』の最終話にあたる『ある希望に関する物語』(一九八八)である。だが、このフィルムを解するためには、そこでの主役である「紅のメルクリウス」切手について、あらかじめ説明をしておいた方がいいだろう。

一八五一年にオーストリア帝国が発行し、もっぱら当時軍事占領下のヴェネツィアで使用されていた「新聞切手(新聞郵送用の専用切手)」のことは、長い間、蒐集家にとって躓《つまず》きの石であると考えられてきた。切手は三種類あるのだが、いずれも額面が記されていない。通信を司る神メルクリウスが、簡素な被り物をし、少年のような横顔を見せているだけの図柄で、わずかに青、紅、黄と、刷色の違いによって、三種類の額面を見分けることしかできない。

この「新聞切手」のシリーズは一八六六年まで、一五年にわたって使用された。勇将ガリバルディがイタリア統一を図ろうとし、それに応じてヴェネツィアの青年貴族たちがオーストリアの圧政に叛旗《はんき》を翻した時期のことだ。ちなみにヴィスコンティは『夏の嵐』の冒頭で、独立の気運が日に日に高まっていくそうした雰囲気を、フェニーチェ劇場の高い桟敷《さじき》席から突如振りまかれる、反オーストリアのビラという形で描いている。おそらくだんの新聞切手は、オーストリア側の新聞をヴェネツィアからミラノやトリノへ送付する際に、貼付されたものだろう。

イタリア切手の蒐集をすっかり蔑ろにしてきたわたしの手元には、もう二〇年以上も昔の『サッソーネ』しかない。ボローニャ大学に留学したときに贖《あがな》ったもので、あちらこちらに稚拙な書き込みがあったりするのだが、たとえ古びていても、わたしにとってはイタリア切手を鑑定するための貴重な羅針盤だ。「メルクリウス三枚組」はこのカタログでは、恐ろしく高く評価されている。最低額面である「青」の未使用が九〇万リラ。「紅」と「黄」はそれぞれ、一八億リラの価格がつけられている。リラがユーロに取って代わって久しい時間が過ぎた。一九九〇年代の為替レートでこれを日本円に置き換えてみると、「青」が五六〇〇〇円。これはまあ手が届かないわけではないが、「紅」と「黄」はそれぞれが一億円余りとなる。もちろん三枚がキレイに揃っていたら、どうなることやら、想像しただけでも気が遠くなる。

ここで正直に告白しておくと、わたしはこの三枚が仲よく並んでいる光景を、いまだに見たことがない。「青」だけは以前、ミラノの切手商の陳列棚の奥に、後生大事に展示されているのを拝んだことがあった。帽子を被ったメルクリウスの、初々しくはあるがどこか煙《けむ》ったげな表情が、いかにも往古の凸版を通して描かれていた。個人的にわたしが所蔵するメルクリウス切手は、その一年後、一八六七年

オーストリアの新聞切手・メルクリウス（1851）

から発売開始となった、紫のIクロイツェルからである。図柄はやはりメルクリウスだが、顔だちは初発のものよりかなり劣る。日本円にしてせいぜい二〇〇円くらいの価値しかあるまい。

『ある希望に関する物語』では、倹《つま》しい生活を続けて孤独に死んだ父親の遺品の整理のために、兄弟がひさしぶりに再会する。二人はがらんとした部屋に置かれた頑丈な金庫のなかに、とてつもない規模の切手コレクションを発見する。父親は実は、その筋では伝説化された蒐集家だったのだ。それとは知らぬ兄は、そこから三枚の飛行船切手を取り出し、帰宅して息子に与えてしまう。息子はそれをチンピラに巻き上げられ、チンピラは老獪《ろうかい》な切手商に高額で売りつける。このときのトラブルが契機となって、兄弟はその一癖も二癖もある切手商と知り合うことになる。

切手商はある提案をする。あなたがたのお父さまのコレクションのなかには、あの伝説的な「メルクリウス三枚組」のうち、二枚までが揃っている。だが「紅のメルクリウス」だけがない。自分はそれを所有しているのだが、どんなに札束を積み上げられても売る気持ちはない。ただある条件を呑んでくれれば、無料で譲ってもいい。

実は切手商には病弱な娘がいて、腎臓の提供者を探している。もし兄の方が腎臓をひとつ提供してくれれば、「紅のメルクリウス」はあなたたちのものだ。

紫のメルクリウス（1867）

クシシュトフ・キェシロフスキ監督のフィルム『デカローグ：ある希望に関する物語』に出てくるメルクリウス切手

これまで切手蒐集にまったく関心のなかった兄弟は、欲に目が眩《くら》んでしまう。兄は腎臓と交換に幻の切手を手に入れる。だが手術の最中、父親のアパートに泥棒が入り、すべてのコレクションを盗まれてしまう。兄はそれを弟の企みだと信じ、弟は兄の仕組んだ仕業だと信じる。彼らは互いに刑事を呼び出し、密告する。三枚の切手が原因で、これまで仲のよかった兄弟が卑しい欲望の犠牲となり、疑い合うまでになってしまったのだ。

だがあるとき恩寵が訪れる。兄弟はお互いに反省し、郵便局に行って発売されたばかりの記念切手を二枚ずつ買ってきて、分け合いながら仲直りをする。

わたしはこのフィルムのなかに、汚れた欲望を乗り越えて、愛と信頼を回復しようとする人間の積極的な意志を読み取った気がした。切手蒐集を媒介として、新約聖書の説く父と子の関係が説かれているのだ。だがそれにしても「メルクリウスの三枚組」というのを、一生に一度は自分の目で確かめてみたいものである。

切手蒐集の終焉

ジョン・レノンの切手帳

二〇〇五年のことであったが、ビートルズの一員だったジョン・レノンの切手アルバムが発見されて、ただちに競売に出されたことがあった。ギボンズの姉妹会社フレイザーズ・オートグラフスが仕掛けたもので、現在そのアルバムは、アメリカ・スミソニアン博物館に属している国立郵便博物館に所蔵されている。

ジョン・レノンの集めた切手だからといって、とくに珍しいものがあるわけではない。リヴァプールの下町で悪戯好きの少年が、あるとき従兄から切手アルバムを譲り受け、交換などをしながら身近に手に入るかぎりの切手をそこに追加して収めたという話である。抹茶色の表紙をした『マーキュリー切手アルバム』は『ギボンズ』カタログに似て、連合王国、英連邦、その他の国々といった順番に頁が組まれており、それぞれの国に該当する切手を、そこに糊で貼り付けていけばいい仕組みになっている。アルバムに残されていたのは五六五枚。イギリス切手が一番多いのは当然だが、後はインド、ニュージーランド、カナダ……といった国のものが多い。やはり旧宗主国と旧植民地との交信は、植民地が独立を果たした後も頻繁に続けられるものだということがわかる。ちなみに日本の頁には「田沢切手」や第一次昭和切手の乃木2銭、東郷4銭など、二〇枚が収められている。

思うにジョン・レノン少年はごくごく普通の切手少年であって、街の切手商で派手な外国切手を買ったりできるほど、裕福な家庭に育っていたわけではなかった。家に配達されてくる郵便物から鋏《はさみ》で切手を切り取り、生温い湯に浸して、一枚一枚剥がしながら、少しずつ蒐集を増やしていったのだろう。にもかかわらず、この切手アルバムには、いかにもジョン・レノンでなければありえない不思議なトリックがあった。『女王の肖像』と題された本書を終えるにあたって、そのことを記しておこうと思う。

切手アルバムのタイトルページには、一九四〇年五月一日にイギリスが発行した二分の一ペンスの切手が印刷されている。前世紀のヴィクトリア女王と当時国王だったジョージ六世の横顔が並んでいるという図柄で、郵便切手発行一〇〇周年を記念したものである。ヴィクトリア女王が描かれているのは、世界最初の切手「ペニー・ブラック」にその横顔が描かれているからだ。ところがこのタイトルページの図版に小さな悪戯がなされている。女王の口にはパイプが添えられ、煙が立ち上っている。王の顔にはパンダのように隈取《くまどり》と顎髭が添えられている。いずれもが、青いインクでなされた落書きである。

イギリス・郵便切手発行100周年記念（1940）

この記念切手は六枚組で、ジョンがリヴァプールで生誕する五カ月前に発行された。ジョン本人もそのなかのIペニーの未使用切手を、ちゃんとアルバムに所蔵している。きっと、これを持ってなくちゃあと子供心に思って、誰かから譲り受けたのだろう。戦時下のイギリスでは、その後五年にわたって記念切手の発行はなかった。ちなみにここに、筆者が私蔵する同じ切手の使用済み切手を載せておこう（もちろん行儀の悪い落書きはない）。

ビートルズは「女王陛下《ハー・マジェスティー》」という曲のなかでさんざんエリザベス女王を揶揄《からか》い、「いつか彼女をモノにしてやる」と歌ったりした。ジョン・レノンはわざわざバッキンガム宮殿まで赴いて、女王から下賜された勲章を突き返したりした。コンサートでは、安い席の人は拍手を、高い席の人は宝石を鳴らしてください、と冗談を口にした。彼の切手アルバムを眺めていると、社会の頂点にいる権威への嘲笑が、彼に生来的なものであったとわかる。おそらくこの悪戯がなかったとしたら、切手アルバムはジョン・レノンの所蔵になるものであったという徴《しるし》を失い、子供が集めた凡庸な蒐集品以上の扱いを受けなかっただろう。

だが、問題はジョン・レノンではない。また億万長者の稀覯品《きこうひん》に満ちたコレクションでもない。わたしのような無名の蒐集家が半世紀をかけてコツコツと集めた切手が、わたしの死後にどのような運命を辿るのかということである。それが博物館に収められることはないとして、いったい誰がそれを引き受けてくれるのか。いや、引き受けてくれるなどと呑気なことをいっている場合ではないかもしれない。ことは蔵書でも同様であるが、わたしのすべての切手はあるとき、アルバムを入れた箱ごと、粗大ゴミとして捨てられてしまうかもしれないのだ。

思いがけない祖母の遺産

もう長いこと音信の途絶えていた従姉から突然、段ボールが送られてきたのは、本書の執筆を始めて間もないころだった。段ボールにはいくつもの菓子箱や茶封筒、それに厚紙の大きな箱が入っている。田舎の食べ物を送ってきたというわけではない。一つの箱を開けてみると、記念切手のシートが何十枚も出てきた。一枚ごと丁寧に硫酸紙で包まれている。切手シートはおおむね発行順に重ねられているが、ところどころで順番が入れ違っていたり、飛んでいたりする。それにしても驚くべき分量だ。

箱という箱をすべて開き、保存されていた切手シートを順序正しく並べるには、二時間ほどかかった。そこには一九五〇年あたりから二〇年間にわたって発行された記念切手や国立公園・国定公園切手、さらに鳥切手や魚切手までが二〇枚ずつ、シートのかたちで並んでいた。

それはわたしの父方の祖母のコレクションだった。

わたしは最後に祖母の家に行ったときのことを思い出した。半世紀以上前のことで、わたしは小学生だった。夏休みは終わろうとしていた。海にも西瓜にも、河辺での花火にもすっかり飽きてしまったわたしは、東京に戻る支度をしていた。そのとき祖母がわたしを呼びとめ、仏壇のわきにある黒い抽匣《ひきだし》から取り出してきたのが、切手シートの束だった。どれでも好きな切手をあげるからいってごらんと、彼女はいった。わたしが指を差して選ぶと、彼女はシートの一番端にある切手を一枚ずつ千切《ちぎ》って、わたしのために取り分けた。わたしは「メイハン」のところにしてほしいと、生意気なことをいった。祖母はその言葉を知らなかった。そこでわたしは、「大蔵省印刷局製造」という銘版が余白に記されている部分のことだと説明した。自分が切手蒐集家であることを、ちょっと得意げに誇示してみたかったのである。

何十種類もの切手が積み上げられると、彼女は手元にあった硫酸紙を折り曲げて袋を作り、切手をそのなかに入れた。それからわたしに向かって、この切手はお前だけにあげるのだから、従姉には黙っておくようにといった。小型シートはもらえなかった。これは同じ切手だから別にあげなくともいいだろうというのが、彼女の考えだったようである。東京に戻ったわたしは、ただちにこの思いがけない収穫を自分のコレクションに加えた。ストックブックはいきなり「超満員」となった。以前からもっていた「ハワイ官約移住七五年記念」や「歌麿」の浮世絵切手といった切手が、居心地悪そうに端の方に追いやられている。わたしは新学期になると、それを同級生たちとの交換に供した。小学校に切手帳をもってくることは表向き禁止されていたが、誰もが休み時間ともなると俄《にわ》か切手商に化けて、お互いの珍品を見せ合ったり、真剣に交換の交渉を始めるのだった。わたしは得意だった。何といっても「見返り美人」どころか、「月に雁」だってもっているのだから！

祖母はコレクターとして、はたしてどこまでの自覚をもっていたのだろう。大量の切手シートを見るかぎり、彼女はおそらく何も考えていなかったように思われる。出入りの郵便屋さんに頼んで、綺麗な切手が出たら取りおきをしてほしいくらいのことはいっただろうが、後は彼が切手シートをもってくるたびに代金を払っていただけだったと、わたしは推測している。自動的に届けられる切手を眼で慈《いつく》しんだり、アルバムに整理して人に見せるというわけでもなかったようだ。投資目的であったとも思えない。おそらく戦後の日本では、そうした何気ない蒐集家というのが少なからず存在していたような気がする。

切手シートの山を確認しているうちに、面白い事実に気が付いた。二〇枚で構成されているシートのなかに、一枚だけが欠けているものがときどき混じっている。それもシートの下方、右から二番目の切手だけが消えているものが多い。まるで鼠が齧《かじ》った後のようだ。しばらく考えてみて、それは幼かったわたしに頼まれて、祖母が銘版付きの切手をわざわざ千切ってくれた跡だということに気付いた。有名な「月に雁」の五枚組小型シートでは、やはり右から二枚目の切手がなくなっていて、シートに細長い窓ができている。蒐集家の間では小型シートは切手とは別に、独立した蒐集対象であるが、祖母にはそのような認識がなかったのであろう。

祖母が身罷《みまか》ってからもう三〇年ほどになる。わたしは久しぶりに従姉に電話をした。ああ、それはね、片付けごとをしてたら、菓子箱の山がごっそりと出てきて、なかに切手がたくさん入ってたのよ、わたしは切手とかわからないから、そのままみんな、箱ごと送っただけなんだけど、と明るい声が受話器の向こうからした。典型的なアウトドア派で、環境保護運動に邁進している従姉にとって、ルーペを片手に目打の数を数えたり、ウォーターマークの種類を分類するといった切手蒐集家など、きっと他惑星の住人の作業のように見えるのだろう。とはいえわたしも、突然わが家に到来したこの膨大な戦後切手コレクションを前にして、どうすればいいのかがわからない。とりあえず書斎の二重書架の裏側にある、切手アルバムのコーナーに保存しておくことにしよう。だが自分の蒐集のスタイルとはまったく違うかたちで集められた切手に対して、手を拱《こまね》いているというのが実状である。

コレクションの行方

予期しなかった「遺産相続」はわたしを充分に驚かせた。だが一方で、それまで思いもかけなかったことを、わたしに考えさせる。切手蒐集家のコレクションはどこへ行ってしまうのだろう。

読者は前章で話したフィルムのことを憶えておられると思う。父親が伝説的な切手蒐集家であったことをまったく知らなかった兄弟の話である。恐ろしいことに、切手の価値を何も知らない兄の方は、コレクションのなかでもとりわけ稀少な飛行船切手を、事もなげに息子に与えてしまうのだ。

これが絵画骨董や古書の世界であれば、それなりに鑑定家を呼ぶなりして、価値を見定めるはずだ。だが切手の場合、遺族が蒐集品に敬意をもって接するということが滅多にない。ライヴァルだった蒐集家が弔問に託《かこつ》けてこっそりとアルバムを持ち去るのなら、行為の道徳的あり方は別としても、とにかく切手は世界に存在し続けることになる。だが何も知らない子供の手に委ねられたとしたならば……いや、もっと酷《ひど》いことだって起こりうる。故人の他の遺物とともに、ゴミとして処分されてしまったとしたら……。家族にも打ち明けずこっそりと蒐集を続けていた人物が突然死を遂げてしまっていたとしたら、そのような事態が起こらないともかぎらない。切手とは、切手に関心のない者にとっては、何の価値もない汚れた紙切れにすぎないのだから。

わたしはふと想像する。切手についてエッセイを書いているというので、人はわたしのことを、さぞかし壮大なコレクションをもっているように思うかもしれないが、それは大間違いである。わたしの蒐集はきわめて倹《つま》しいものだ。人が羨むような珍品などないし、ある特定のテーマで完璧さを競うというわけでもない。もちろん切手展に出品したこともない。要するにわたしの蒐集はどこまでも小学生時代の延長であって、プロの蒐集家からすれば高が知れたものであろう。これは逆にいえば、小学生時代の心に戻りたくて、いまだに蒐集をやめられずにいるということでもある。だがそんなわたしでさえも、それを考え出すと夜になっても眠りに就くことができないような心配ごとがある。わたしの死後、わたしの切手はどうなってしまうかということだ。

九歳のときから一枚一枚、乏しい予算をやりくりして手に入れてきた切手は、どこへ行ってしまうのだろう。どの切手にも、それを入手するまでの固有の物語があった。たとえその大部分は忘れてしまったとしても、なかには一生忘れられない思い出をともなった切手というものがあり、アルバムやストックブックの頁を開いて眺めてみるたびに、その思い出が水中花のように蘇ってきたりする。その切手に何か特別の徴が付いているというわけではない。だがわたしはあることを思い出さずには、その切手を眺めることはできない。そうした切手が確実に何十枚も、何百枚もわたしのアルバムには眠っている。もしわたしがいなくなってしまえば、たとえ蒐集された切手が運よく誰か他の蒐集家の手に落ちたとしても、それに付随した個人的思い出は、古びた香水瓶のなかの液体のように霧散してしまう。後にはいかなる痕跡も残らないだろう。

もっとも自分のことをくよくよ心配しても始まらない。カール・マルクス先生が豪語なされたように、「わが亡き後に洪水は来たれ Après moi, le déluge.」という格言を信じ、開き直って生きていくしかない。実はフィラテリストの端くれとしてわたしが憂慮しているのは、もっと別のことである。すなわち切手蒐集に、人類レベルでの未来はあるかということだ。

消えゆくものへの思い

そうだ、心静かに自分のことを考えてみよう。わたしには子供のときから奇妙な習性があった。もはや絶頂を過ぎ、これからは衰退の一途を遂げるしかないものに、なぜか心惹かれるところがあった。今まさに流行しているものには、つねに警戒心を抱いていた。最新の流行のものに対しては、それがまさに流行しているというだけの理由で嫌悪を感じてきた。寝台車、マッチラベル、旅先から絵葉書を出すこと……わたしの心を躍らせてきたものは、ほとんどがもう時代遅れとなり、人々の関心を惹かなくなったものばかりだった。おそらくこのリストには文学と映画という、前世紀には巨大な威容のもとにあった文化が続くことだろう。わたしが文学を愛するのは、今ではほとんどの人が純粋な愛の行為として文学に向かいあわなくなったからである。映画が心を捉えて離さないのは、映画館に足を運び、暗闇のなかでそれなりの時を過ごすという行為が、もはや現在では芸術的という形容詞をつけてもよいくらいに、稀有な事件となってしまったからである。

切手蒐集は滅びるだろうか。それは大いにありうることだと思う。なるほど天文学的な数字のもとにオークションで話題を呼ぶといった珍品切手の蒐集は、これからも存続することだろう。

中国では現在、空前絶後の切手投機ブームが生じている。世界のどこかで、ロンドンで、上海で、ドバイで、一枚何億円という切手が取引され、その獲得をめぐって血眼になって狂騒する者たちは消えることはないだろう。だがそれを担っている特権階級の富豪たちが、真の意味で切手蒐集家であるかどうかはわからない。彼らが抱いている執着は、はたしてピカソの油絵や織部《おりべ》の焼き物を前にしたときのそれと、どこが異なっているのか。また単に稀少なものを自分の所有物にしておきたいという欲望の方が、切手そのものへの関心を凌駕しているということは、はたしてないだろうか。わたしにとって気がかりなのは、倹しい生活のなかでコツコツとお金を貯め、一枚の切手を購入するにも大きな決意を要するような、市井に住まう蒐集家のことである。

それでも郵便切手は発行される

郵便切手は一八四〇年、イギリスのローランド・ヒルによって考案された。だがその役割は、すでに現在の通信コミュニケーションの世界において周縁的なところに追いやられているのが現状だ。たとえば実際に郵便局に行ってみよう。わたしが小包を出そうとすると、または海外に書籍を送ろうとすると、郵便局員は機械を操作して、料金に見合ったシールをただちにプリントしてくれる。ピンクのインクで印刷された、絵柄も何もない、小さな紙片のことだ。この事務的なシールを郵便物に貼ってしまえば作業は終わる。郵便切手の出る幕はない。先に触れたように、わたしは子供のころ、世界中のあちこちから父親のもとに到来する郵便物の切手を剥がすことから蒐集に入ったのだが、現在、国内から到来する郵便物に貼付されたシールを面白いと思う子供がいるだろうか。わたしはこのシールの貼られた事務的な郵便物をわが家のポストに発見するたびに、世界の終末は近いといった、憂鬱な気持ちに襲われるのだ。

にもかかわらず、日本は毎年、大量の切手を発行している。記念切手ばかりではない。映画女優から漫画のキャラクターまで、日本料理から宇宙の星々まで、世界に存在するありとあらゆるモノを絵柄に採用し、お得意のグラビア技術を用いて印刷した切手を、全国津々浦々の郵便局から販売している。

とはいえ、こうした新切手の過剰な氾濫ぶりを見ると、逆に複雑な気持ちになってしまう。いったい誰がこうした切手を実際に使用するというのだろう。先ほども書いたように、郵便局に郵便物を頼むと、よほど強く主張しないかぎり、まず切手を何枚も並べて貼ってくれることはない。例の無味乾燥なシールを添付しておしまいである。インターネットとスマートフォンの普及で、葉書や封筒を用いて手紙を送るという習慣は、ますます過去のものとなろうとしている。日常生活のなかで切手の裏側に舌を這わせ、郵便物に貼りつけてポストに投函するという行為は、どんどん稀有なものになろうとしている。

では切手少年たちはどこへ行ったのか。今から五〇年前には、郵便局が開くのが待ちきれず、赤いポストのそばで三〇分でも一時間でも新切手の発行を待ち続けていた小学生たちはいなくなってしまったのか。残念ながら、そうだといわざるをえない。今日日《きょうび》、発売日を待ちかねて郵便局に飛び込んでいく者などいない。記念切手も、特殊切手も、都道府県のふるさと切手も、郵便局の壁に見本シートが並べられているのだから、何も慌てて購入する必要もない。切手はいつも大量に売れ残っているのだ。

二〇二〇年には、東京で二度目のオリンピックが開かれる。わたしはあのようなナショナリスティックな運動会に皆目興味がもてないのだが、それでも半世紀前、一九六四年にはじめて東京大会が開催されたときには心を躍らせた。原因は簡単で、特殊切手である。郵政省はオリンピック開催の二年前から次々と寄付金付きの変形切手を発行し、その数は二〇種類と小型シート六種類に及んだ。わたしの世代の子供たちの間に突然起きた切手ブームは、この政府先導の操作の結果ではないだろうか。

今回のオリンピックでもそのプレ事業として、寄付金付き切手が発行されるだろうか。まずありえないと、わたしは予想していた。子供たちの関心はとうに携帯電話やゲームに移行してしまっているからだ。いや、そもそも少子化のため、子供の数が絶対的に少なくなっている！

ところが日本郵便はやはり一〇枚組切手を二〇一九年三月に発行した。まあ世界中の聞いたこともない小さな国々が騒々しくオリンピック切手を連発するわけだから、開催国としても無視を決めこむわけには行かないだろうというのが、わたしの見立てである。もっとも図柄はいかにも投げやりで、オリンピック・パラリンピックのシンボルマークとキャラクター、競技場をあしらっただけのひどく手抜きの切手であって、開いた口が塞がらなかった。

切手蒐集が昔日のようなブームを巻き起こすことは、もうないだろう。切手の資産価値が凋《ちょう》落《らく》するとともに、ある時期までは行なわれていた投機が後退し、それはカタログに記されている一枚一枚の切手の売値の安さとなって表われるだろう。悲しいことではあるが、価格が下がってゆくにつれて、その切手を取り巻いていたアウラのようなものが消えていく。神秘的な価値が薄れていき、やがては何百枚、何千枚という小さな紙屑の山と化してゆく。どこの郵便局でも平然と売っていて、いつでも安価で購入できる切手とは、フェティシズムの対立物である。誰もそれを求めなくなったとき、あなたがそれをわざわざ求める気を起こすことはないだろう。なぜなら欲望とは(ルネ・ジラールが『欲望の現象学』で説いたように)誰か別の人の欲望を模倣することができるからだ。人は他人が欲しがらないようなものなど、絶対に自分からは欲しがろうとしない。欲望とは独自のものではなく、かならずや自分のかたわらにいる誰かのそれの真似であり、誰かに喚起されないかぎり、けっして行動を起こそうとはしないのだ。

切手蒐集については、かつてよくいわれたものだ。三代続かないとモノにならないと。

確かにそれはある意味で真理だった。蒐集が一定の水準に到達するには、まず三代、つまり一〇〇年の時間が必要であるという意味だ。祖父が倹しい生活費をやりくりして、蒐集の最初の基盤を作る。まだ同時代に、みずからをそれと気付かない珍品切手が、さりげなく市場に出ていた時期である。この祖父が社会的に成功し、それなりの財を遺して身罷ったあと、二代目の父の世代がより鋭角的な自覚をもって蒐集を発展させる。

すべてを継承するのが三代目、すなわち孫の世代である。彼は厖大な蒐集品を生まれながらにして相続し、そこから大きな勝負に出る。コレクションに欠落している珍品を入手するために、文字通り、狂気に似た立ち振る舞いを恐れない。オークションの場で天文学的な数字を口走り、三代にわたる夢を実現する。運よく同じ珍品を二枚獲得しえた日には、その一枚を山荘の暖炉で燃やしてしまっても後悔しない。世界でたった一枚しか存在しなくなった切手を所有しているという矜持《きょうじ》のほうが、もう一枚を所有していることよりも重要なのだ。

だが、こうした特権的で貴族主義的な蒐集は、はたしていつまで続くことだろう。

ヴィクトリア女王を描いた「ペニー・ブラック」から始まった本書を終えるにあたっては、最後にやはり郵便切手発明国であるイギリスの切手に敬意を払っておくのが礼節というものだろ

イギリス・「ペニー・レッド」175周年記念小型シート（2016）

う。ここに掲げたのは二〇一六年に発行された、「ペニー・レッド」一七五周年の記念小型シートである。「ペニー・レッド」は「ペニー・ブラック」ほどに神話化されておらず、今でも市場に大量に出回っているので、珍品というわけではない。だが、あえて「ブラック」ではなく「レッド」に照明を当てようとするイギリス人の心根に、わたしはうれしいものを感じる。往古のヴィクトリア女王の右上に、小さくシルエットでエリザベス女王の横顔が描かれている。大英帝国の栄光は消え去ったが、王家の血統は永遠なのだと、この小さな切手は語っているかのようだ。わたしがこの小型シートを手にしていかに心慰められたかは、読者のご想像に任せたいと思う。

あとがき

わたしはこの書物を、純粋に愉しみのために書いた。義務や責任とはまったく無縁なところで、いわんや使命感とも無関係に。ただ自分が集めてきた切手について好きなことを書いてみたらさぞかし愉しいだろうなあ、という気持ちだけで書いた。書いているうちにその気持ちがどんどん先へ先へと進んでしまい、わたしの心を急かすのだった。

書斎の奥の、もっと奥の押入れには、もう半世紀以上にわたって集め続けてきた切手がある。今でも月に一〇〇〇円とか二〇〇〇円とか、海外で面白そうな新切手が発行されると、註文して取り寄せている。外国に出るときには思い切って切手商の扉を開き、いろいろなものを見せてもらい、何かしら、おしるし程度に買って帰る。

アルバムとストックブック。それに買ったままでまだ封を切っていないパケット。シートとエンタイアを詰め込んだ、大きなトランク……一冊の本を書き上げるという口実で、それを半年がかりで整理するというのはどうだろう。最初はそんな軽い気持ちで始めた作業だったが、結局、書き終えるのに三年かかった。もっとも切手の整理はいっこうに進まない。せいぜい

1/3強といったところだ。

本書のおよそ半分は、集英社の『kotoba』二五号（二〇一六年秋号）から三二号（二〇一八年夏号）にかけて連載された。具体的には「ペニー・ブラックを買う」～「文革切手は赤一色」、「切手商とのつきあい方」～「切手蒐集の終焉」のことである。連載時の各回のタイトルは随時変更した。担当の長谷川洋一氏に感謝したい。

その後、単行本にするにあたって残り半分を書き下ろした。一本に纏めるにあたっては、工作舎の石原剛一郎氏の手を煩わせた。深くお礼を申し上げたいと思う。

本書に記したことの後日談を二つだけ、簡潔に書き記しておきたい。

わたしは惜しくも文化大革命の直前で中国切手の蒐集を中断してしまったと書いた。その後、最近になって北京に赴くことがあり、日本とは比較にならぬ現地での切手フィーヴァーを目の当たりにして帰国した。切手屋を覗くと、わたしが二束三文にしかならないと思い込んでいた文革直前の切手にすら、それなりに予想もしなかった売値が付けられていることが判明した。へえー、そんなもんかねえという気持ちだ。もっともだからといって、どうするわけでもない。わたしの蒐集はまったく個人的なもので、市場価格などに左右されたことがないから、切手が高くなろうが安くなろうが他人事にすぎない。

もうひとつはハバナの切手市で、日本の「龍切手」や「鳥切手」を信じがたい値段で買い求めたという話である。帰国して以来その戦利品がごっそりと姿を消してしまい、さてはやはり狸の木の葉であったかと諦めていた。ところが本書の執筆の最中に、それがひょっこりと出現した。やはり狸の小判ではなかったのだ。とすれば……、わたしは日本の最新切手カタログを参照し、痛快な気持ちになった。

もっともわたしが手にした「鳥切手」が本物であるかどうかは、まったく保証がない。案外、よくできた偽物だったというオチがつくのかもしれない。消印が思いのほかハッキリとしているところなど、何となく怪しい。とはいえ、自分で真贋を見定めるだけのプロの鑑識力をもっていないのだから、これ以上詮索することはやめにしよう。騙されたままでも一向に構わない。人生にはけっこうそうしたことがあるものではないか。

二〇一九年九月二〇日

著者記

あとがき

本書執筆の最中に出現した、
ハバナの切手市で入手した龍切手（1871）
と鳥切手（1875）
はたして本物か？

参考文献

本書を執筆するにあたっては、以下の本から教示を受けた。

天野安治『日本郵趣史——明治初期から終戦まで』（日本郵趣協会、二〇一二）
植村峻『図解・世界の切手印刷——切手に見る驚きの特殊印刷技術』（日本郵趣協会、二〇一三）
植村峻『日本切手の凹版彫刻家たち——切手とお札を彫った人々』（日本郵趣協会、二〇一五）
水原明窓編集『日本切手百科事典』（日本郵趣協会、一九七四）
内藤陽介　そのほとんどの著作

✢

中華全国集郵聯編纂『中国集郵史』（北京出版社、二〇〇一）
哲夫『郵海漫話』（香港、良友図書、一九九二）
『郵票収蔵入門百科』（北京、化学工業出版社、二〇一四）

✢

Willy Eisenhart *The World of Donald Evans* (Harlin Quist Book, 1980)
Simon Garfield *The Error World* (Houghton Mifflin Harcourt, 2009)

四方田犬彦（よもた・いぬひこ）

一九五三年、大阪箕面に生まれる。九歳で切手蒐集を始め、一二歳で日本郵趣協会会員となり現在にいたる。東京大学で宗教学を、同大学院で比較文学を学ぶ。長らく明治学院大学教授として映画学を講じ、コロンビア大学、ボローニャ大学などで客員教授・客員研究員を歴任。現在は映画、文学、漫画、演劇、料理と、幅広い文化現象をめぐり著述に専念。学問的著作から身辺雑記をめぐるエッセイまでを執筆。著書は一五〇冊に及ぶが、近著としては『親鸞への接近』（工作舎、二〇一八）、『無明　内田吐夢』（河出書房新社、二〇一九）。詩集に『わが煉獄』（港の人、二〇一四）、小説に『すべての鳥を放つ』（新潮社、二〇一九）、翻訳にボウルズ『優雅な獲物』（新潮社、一九八九）、『蜘蛛の家』（白水社、一九九五）、イルスト『猥褻なD夫人』（現代思潮新社、二〇一七）、パゾリーニ『パゾリーニ詩集』（みすず書房、二〇一一）がある。『月島物語』（集英社、一九九二）で斎藤緑雨賞を、『映画史への招待』（岩波書店、一九九八）でサントリー学芸賞を、『モロッコ流謫』（新潮社、二〇〇〇）で伊藤整文学賞を、『ルイス・ブニュエル』（作品社、二〇一三）で芸術選奨文部科学大臣賞を、『詩の約束』（作品社、二〇一八）で鮎川信夫賞を受けた。

女王の肖像――切手蒐集の秘かな愉しみ

発行日――二〇一九年一〇月三〇日
著者――四方田犬彦
編集――石原剛一郎
エディトリアル・デザイン――佐藤ちひろ
写真撮影［001・002］――津島岳央
印刷・製本――シナノ印刷株式会社
発行者――十川治江
発行――工作舎 editorial corporation for human becoming
〒169-0072 東京都新宿区大久保2-4-12 新宿ラムダックスビル12F
phone: 03-5155-8940 fax: 03-5155-8941
www.kousakusha.co.jp saturn@kousakusha.co.jp
ISBN978-4-87502-513-9

親鸞への接近

◆四方田犬彦

『歎異抄』『教行信証』を独自の視点で読み解くとともに、三木清・三國連太郎・吉本隆明の3人の知識人を通して親鸞思想の現代的意味を問う、渾身の書下し!

●四六判上製●528頁●定価 本体3000円+税

歳月の鉛

◆四方田犬彦

『ハイスクール1968』の続編、1970年代・大学編登場。内省的な大学時代を振り返る。キャンパス内に氾濫した内ゲバ、新宗教調査、映画研究、修士論文執筆に至るまで。

●四六変型上製●344頁●定価 本体2400円+税

月島物語ふたたび

◆四方田犬彦

東京湾に浮かぶ島、月島で長屋生活をおくりながら、この土地で生起した幾多の「物語」を綴った傑作エッセイが甦る。陣内秀信氏との対談を新規収録した決定版登場。

●A5判変型●404頁●定価 本体2500円+税

書物の灰燼に抗して

◆四方田犬彦

タルコフスキーからル・クレジオ、パゾリーニまで論じた、著者初の比較文学論集。「エッセー」の方法論で迫る全8編からなる批評の星座(コンステラシオン)。

●A5変型上製●352頁●定価 本体2600円+税

従軍中のウィトゲンシュタイン(略)

◆谷 賢一

気鋭の劇作家・演出家、谷賢一による、哲学者ウィトゲンシュタインの若き日を描いた戯曲本。『論理哲学論考』をこれから読む方、読んだ方、挫折した方にもおすすめ。

●四六判●184頁●定価 本体1400円+税

遊読365冊

◆松岡正剛

「千夜千冊」の原点。1981年、雑誌『遊』誌上に一挙掲載された伝説のブックガイドついに復活! 百字一冊でブックコスモスを駆け巡る。

●B6変型仮フランス装●224頁●定価 本体1800円+税